舒適自然的手作
設計師愛穿的
大人感手作服
lilas lilas 小林紫織

contents

01
透明素材
亞麻連身裙
page 4

02
透明素材
亞麻上衣
page 6

03
俏皮糖果色
珠飾上衣
page 7

07
荷葉邊袖
柔軟連身裙
page 13

08
細肩帶
荷葉連身裙
page 14

09
簡單四角形
上衣
page 15

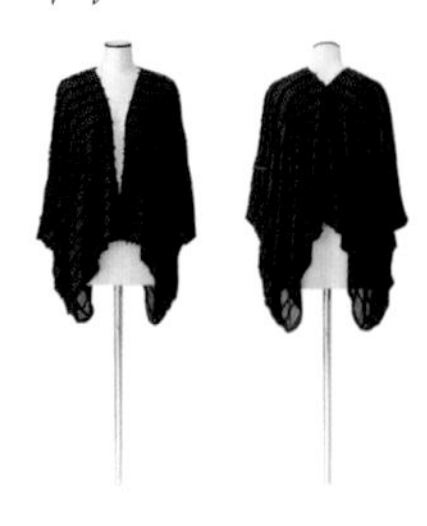

13
短袖和風式
連身裙
page 22

14
長袖和風式
連身裙
page 24

15
復古風
襯衫式上衣
page 26

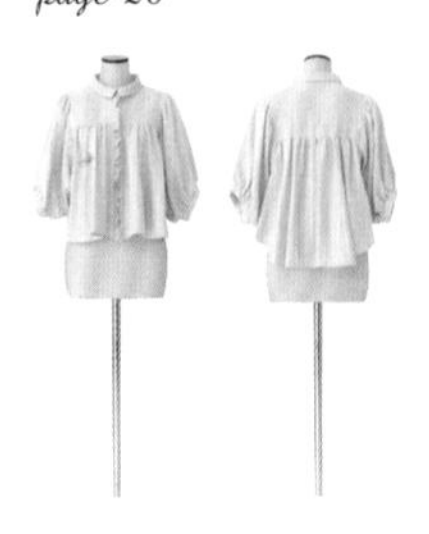

19
印度棉
涼感連身裙
page 30

20
蓬蓬袖
LIBERTY 上衣
page 32

how to make
page 33

04
俏皮糖果色
珠飾連身裙
page 8

05
鬱金香袖
連身裙
page 10

06
柔軟亞麻
連身裙
page 12

10
細褶領
正式連身裙
page 16

11
荷葉邊
格紋長版上衣
page 18

12
流蘇圖案
可愛上衣
page 20

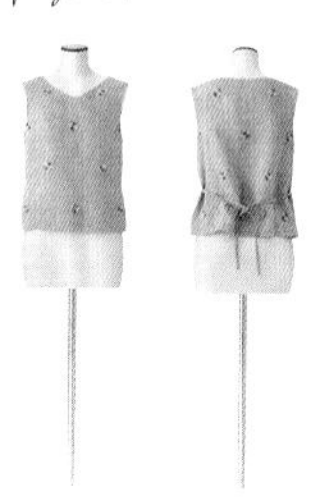

16
復古風
襯衫式連身裙
page 27

17
肩飾蕾絲
細褶上衣
page 28

18
荷葉肩飾設計
雙重紗布連身裙
page 29

序

不但是日常可穿的服裝，也是適合外出、自由搭配的款式。「吸引眾人目光，可愛又舒服的設計」，就是llilas llilas的宗旨，本書也刊載了此品牌多款的人氣商品。
試著將平常穿搭的服裝添加一些時尚元素吧！製作服裝時會更加有趣喔！雖然較講究縫製作法，但更舒服的觸感，也因此讓人愛不釋手，想要好好珍惜。希望大家參考本書，仔細製作服裝，打造出更有自信和魅力的自己。

小林紫織

01

透明素材
亞麻連身裙

胸前和袖子的細褶很可愛，搭配高雅的亞麻素材突顯優雅氣質。也可以替換蕾絲等自己喜歡的素材。寬鬆的袖襱和袖寬可以修飾體型，更顯修長。

page 34

02

透明素材亞麻上衣

將*01*改成短版上衣，前後長度不一的弧狀下擺，
是非常適合夏天穿著的款式。

page 36

03

俏皮糖果色珠飾上衣

色彩鮮豔的可愛糖果色珠飾，搭配上涼感的印度棉素材。
迷人的領口設計，仔細講究的縫製技巧，是非常百搭的一款。

page 37

04

俏皮糖果色珠飾連身裙

完全顛覆*03*上衣的感覺，以深藍色布料搭配白色珠珠。充滿少女氛圍的細褶設計，搭配腰帶調整整體輪廓。也可以改變剪接布料，或直接刺繡，也相當美麗。

page 39

05

鬱金香袖連身裙

使用不透明雙層紗布，鬱金香袖散發著俏皮感。舒服穿著的長度和方便活動的素材，是外出時最方便的搭配。製作出不同色系款式，每天都可以穿搭。

page 40

06

柔軟亞麻連身裙

使用寬幅的高雅亞麻布，搖曳的荷葉邊很有設計感。別針款式的大大蝴蝶結，大膽又時尚。以具垂墜感的化纖素材製作，也很適合宴會穿搭。

page 42

07

荷葉邊袖柔軟連身裙

*06*的連身裙款式和荷葉邊袖子的設計。這款也使用柔軟且高雅的亞麻素材，可修飾肩形。不論年齡、體型都好搭的選擇。

page 46

08

細肩帶荷葉連身裙

同06、07柔軟的亞麻素材，選擇有質感的美麗鮮豔紅色。胸前大大俏皮的荷葉邊設計，就像訴說著想去度假的渴望，改以沉穩色系製作就可變身為日常的百搭單品。

page 48

09

簡單四角形上衣

以四片正方形製作而成的超簡單上衣，稍稍改變袖襱位置就可以變身可愛蝴蝶結罩衫，請選擇具垂墜感的布料。很適合遮掩夏日的豔陽。

page 45

10

細褶領正式連身裙

使用100%羊毛質料，正式場合也可以穿搭。船形領搭配細褶設計，有點可愛且高雅，又不會太過正式。七分袖可讓整體更顯修長。

page 50

11

荷葉邊格紋長版上衣

胸下V字剪接的荷葉設計，看起來更加洗練。
不會太過甜美、獨特個性的布料，
後領圍的荷葉邊垂墜造型，讓背影也很有時尚度。

page 52

12

流蘇圖案可愛上衣

清爽的淺V領無袖上衣。車縫上邊緣流蘇造型的正方形布塊。經緯不一樣顏色的織線，更加豐富了流蘇的設計感。

page 54

13

短袖和風式連身裙

使用混麻輕薄化纖印花布。腰部打結設計很有女人味，也可以當成罩衫再於背後打結。是增添夏天穿搭造型的優秀款式。

page 56

14

長袖和風式連身裙

款式*13*的長袖款式。使用厚質布料製作大衣風外套。和風款式前端綁繩，鈕釦設計穿起來增添帥氣感。使用硬挺材質，腰部打結讓細褶更顯立體感。

page 58

15

復古風襯衫式上衣

充滿復古風味的黃色亞麻素材，前襟包夾蕾絲，流露出法國二手衣風的美麗襯衫。多分量的細褶搭配中性風領台，充滿高品味的優雅氛圍。

page 60

16

復古風襯衫式連身裙

款式15的上衣改成連身裙款式。條紋圖案的深藍亞麻布，突顯復古氛圍。圓領設計，也可以換成款式15的角形領。領子和胸剪接片均有包夾小蕾絲織帶。

page 62

17

肩飾蕾絲細褶上衣

袖子採寬幅蕾絲的高雅外出服。使用輕薄布料，讓細褶設計也不會太過厚重。改成百搭的長版款式也很實穿。

page 64

18

荷葉肩飾設計
雙重紗布連身裙

款式17的連身裙款式。採用厚實的雙層紗布素材。立體的細褶很可愛，荷葉邊也給人優雅印象，長版設計更顯修長。可當成家居服，當然也可以換別種素材試試。

page 66

19

印度棉涼感連身裙

美麗印花的印度棉，流暢輪廓的夏日連身裙。不論是輕旅行或參加煙火大會都很合適。長肩線設計修飾手臂線條，也可以當成罩衫搭配。是穿脫很方便的和風款式。

page 68

20

蓬蓬袖LIBERTY上衣

密實的可愛細褶袖，洗練的前片設計上衣。不但百搭，也方便穿脫，善用不同布料搭配日常服更有型。胸下的細繩，可以依自己喜好綁在前片或後片。

page 70

製作之前

●關於原寸紙型和尺寸

以下這本書裡介紹的作品的紙型注意事項。P.34至71均附有作法解說。01至20作品的紙型，依右邊尺寸表以S・M・ML・L・LL分別記錄在A面・B面・C面・D面，方便讀者查詢各作品的製作頁數、紙型數和原寸紙型配置。如果對紙型名稱有疑惑，可以參考裁布圖。一邊確認尺寸表尺寸，選擇適合自己的紙型尺寸。為配合身高，衣長和袖長，均有描繪A・B・C三種長度，請依喜好及身長選擇適合的尺寸。衣長布料的使用量，雖然也有些變動，但本書製作頁面的使用量，各尺寸均以B長度作為考量。

身體尺寸

（單位cm）

尺寸	S	M	ML	L	LL
胸圍	78	82	96	90	94
腰圍	58	62	66	70	74
臀圍	86	90	94	98	102
身長（A長）	150至160				
身長（B長）	160至170				
身長（C長）	170以上				

●紙型製作方法

本書原寸紙型並未附有縫份。原寸紙型上重疊的線條很多，請將需要的紙型，以描圖紙重新描繪一次。合印記號、布紋線也務必寫上。另外有些尺寸放置不下時，會分開配置，請依據紙型上的指示、裁布圖對齊紙型。仔細看清楚製作頁面的尺寸、裁布圖形狀，描繪線條。另外貼邊和表紙型重疊，如無特別指示布紋，請同表片方向。描繪好的紙型線，依據製作頁面的裁布圖，附上縫份製作紙型。配合縫份寬度，沿裁切線平行描繪，請特別注意尖褶需摺疊後再描繪縫份。滾邊條等部分紙型未繪製，請依照各尺寸裁布圖尺寸裁剪。

●裁剪・合印記號・記號製作

裁剪時，布料背面相對疊合，放置附縫份紙型，沿紙型裁剪。但像是粗織紋布或紙型較小部位，先以消失筆描繪輪廓，拿下紙型再裁剪。完成線的記號，可於布端直角剪牙口（0.3cm牙口）。另外像是尖褶，可於布料之間包夾複寫紙，以點線器或錐子作上記號。

●基本縫製方法

薄棉布作品使用9號針、60號縫線。中厚棉布使用11號針、60號縫線。布片對齊以珠針固定，對齊縫紉尺刻度，從布端到針目距離，配合縫份寬度車縫。

01 透明素材亞麻連身裙
page 04

●**紙型**（A面）※口袋布在B面。
後剪接片　前剪接片　後身片　前片
肩布　後貼邊　口袋布A・B　袖子　袖口布

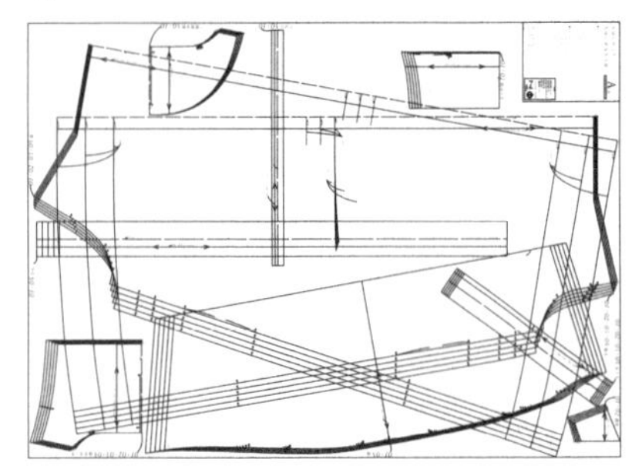

蝴蝶結綁繩　腰繩

●**材料**
表布（亞麻布）…寬115cm
（S・M）320cm・（ML至LL）340cm
別布（粗針織布）…寬12cm長60cm
黏著襯（袖口布）＝20×40cm
止伸襯布條（領圍・開叉・口袋口）
…寬1.2cm長120cm

●**準備**
後剪接片的領圍和開叉、後貼邊開叉、口袋口貼上止伸襯布條。袖口布貼上黏著襯。身片下襬、口袋口、口袋布口、後貼邊邊端、肩布領圍進行Z字形車縫。

●**製作方法**
1　製作蝴蝶結綁繩和腰繩。
2　接縫肩布和前剪接布。
3　接縫後剪接和貼邊布。
4　接縫後剪接和肩布。
5　後剪接車縫壓線。
6　前後片和剪接片各自接縫。
7　包夾腰繩・預留口袋口車縫脇邊。（→P.43 **1**）
8　製作口袋口。（→P.43 **2**）
9　下襬對摺車縫。
10　袖山・袖口粗針目車縫，車縫袖下。（兩片一起進行Z字形車縫，縫份倒向前側）
11　製作袖口布・接縫袖子。（→P.38 **7**）
12　車縫袖子。（→P.38 **8**）

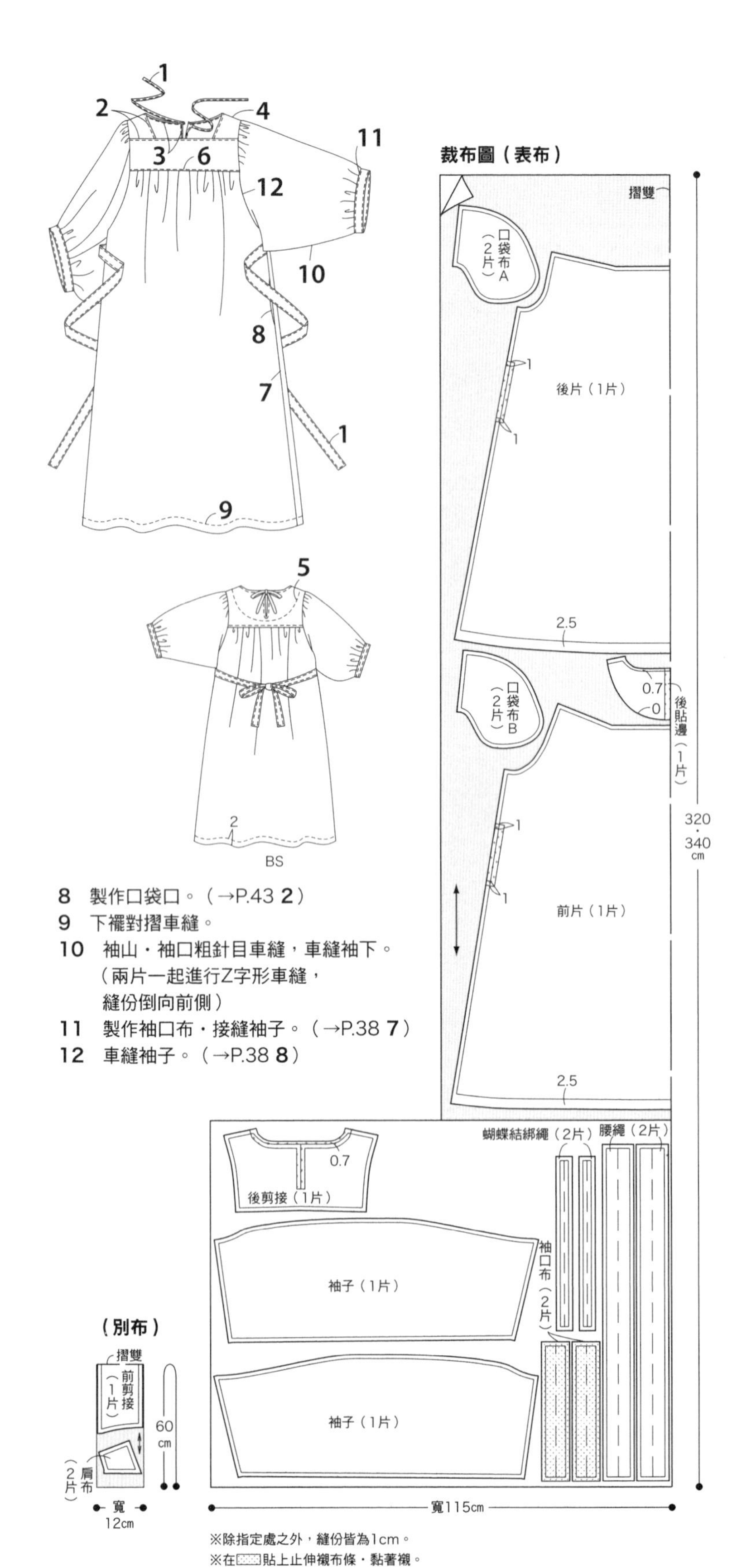

完成尺寸　（單位cm）

尺寸	S	M	ML	L	LL
胸圍	153	157	161	165	169
腰圍	162	166	170	174	178
臀圍	172	176	180	184	187
袖長	50.2	50.5	50.8	51.1	51.4
衣長A	101.5				
衣長B	106.5				
衣長C	111.5				

1　製作蝴蝶結綁繩和腰繩

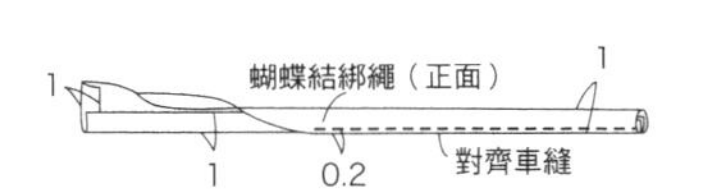

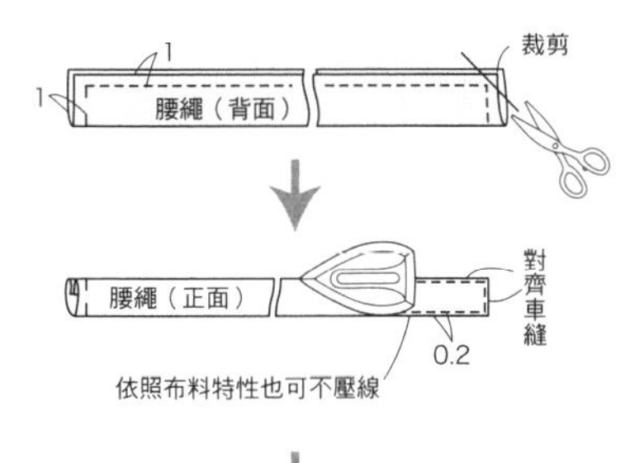

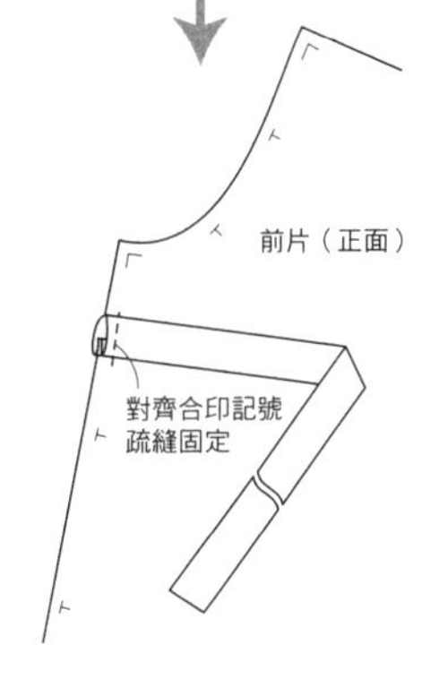

2　接縫肩布和前剪接布

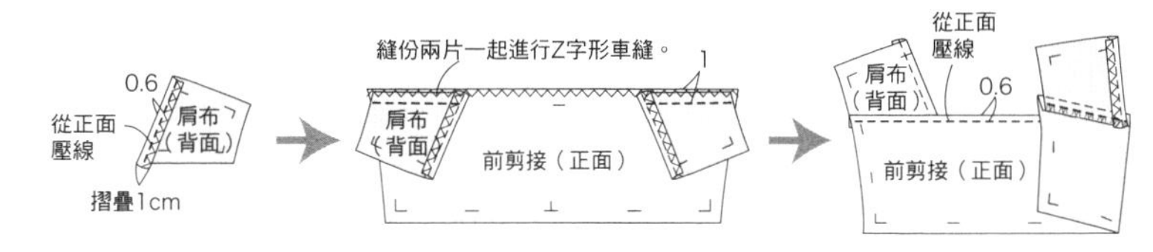

3　接縫後剪接和貼邊布

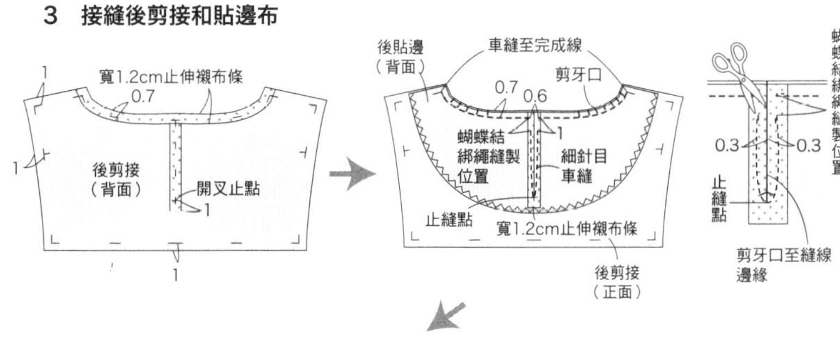

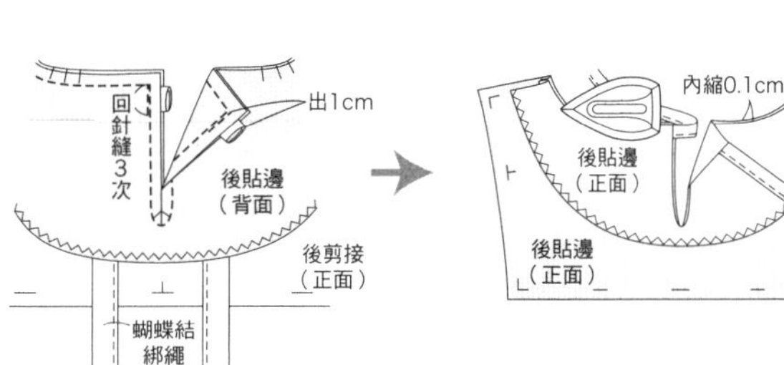

4　接縫後剪接和肩布

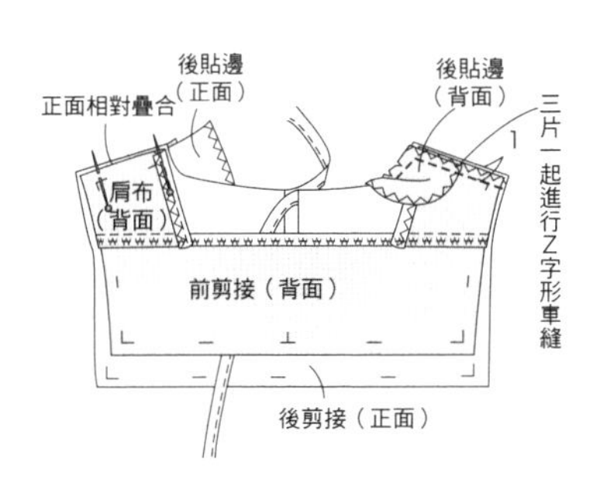

5　後剪接車縫壓線

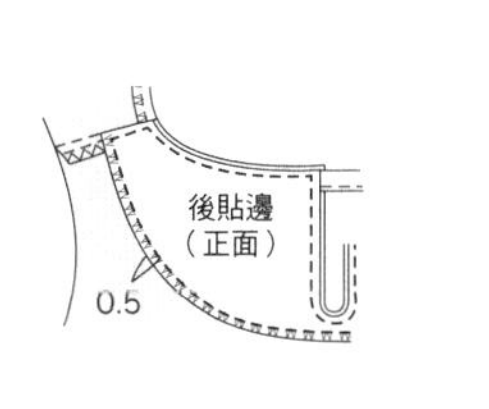

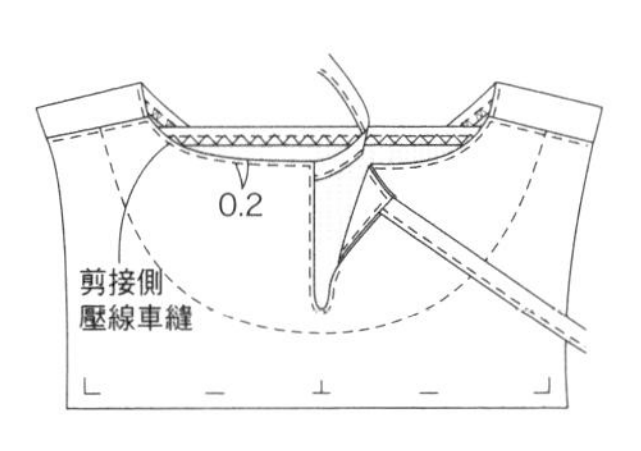

6　前後片和剪接片各自接縫

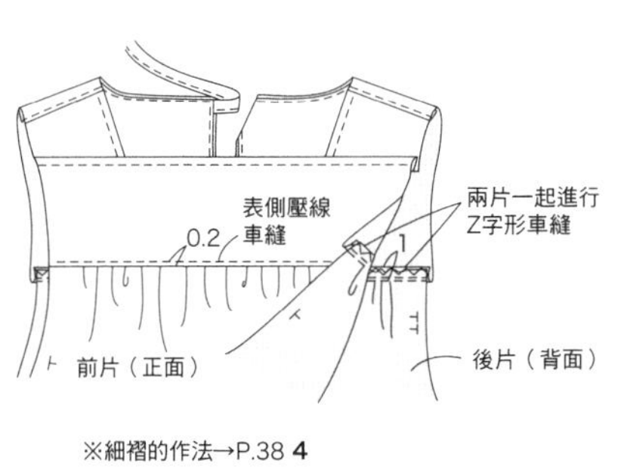

※細褶的作法→P.38 **4**

10　袖山・袖口以粗針目車縫，車縫袖下
（兩片一起進行Z字形車縫，縫份倒向前側）

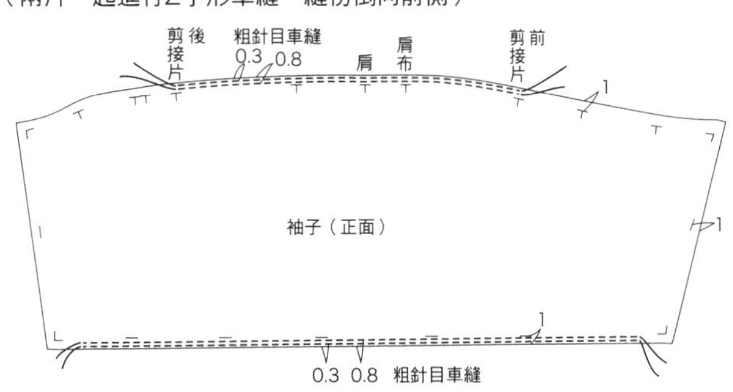

02 透明素材亞麻上衣

page 06

page 06

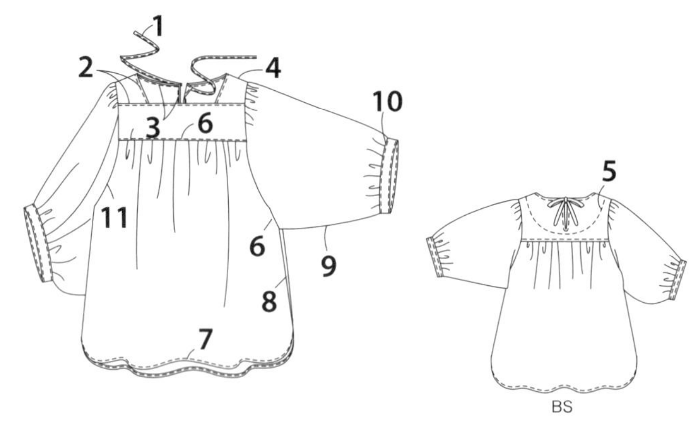

●紙型(A面)

後剪接片　前剪接片　後身片　前身片
肩布　後貼邊　袖子　袖口布　蝴蝶結綁繩

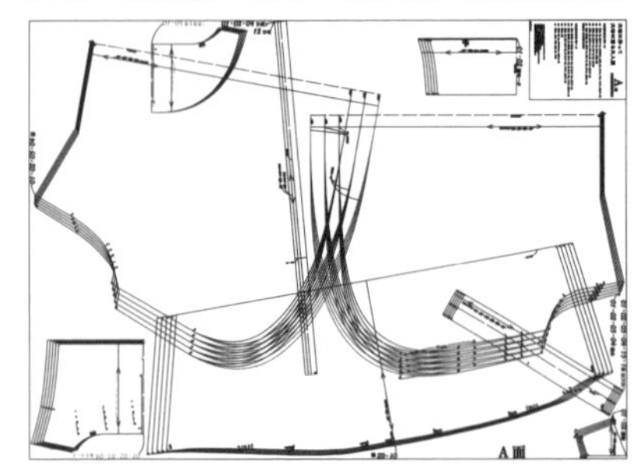

●材料

表布(亞麻布)…寬115cm
(S・M)210cm・(ML至LL)240cm
別布(剪接片)…寬12cm長60cm
黏著襯(袖口布)=20×40cm
止伸襯布條(領圍・開叉)…寬1.2cm長60cm

●準備

後剪接片的領圍和開叉,後貼邊開叉貼上止伸襯布條。袖口布貼上黏著襯。肩布領圍&後貼邊邊端進行Z字形車縫。

●製作方法

1 製作蝴蝶結綁繩。(→P.35 **1**)
2 接縫肩布和前剪接布。(→P.35 **2**)
3 接縫後剪接和貼邊布。(→P.35 **3**)
4 接縫後剪接和肩布。(→P.35 **4**)
5 後剪接車縫壓線。(→P.35 **5**)
6 前後片和剪接片各自接縫。(→P.35 **6**)
7 身片下襬三摺邊車縫。(→P.38 **3**)
8 車縫身片脇邊(兩片一起進行Z字形車縫,縫份倒向前側)。
9 袖山・袖口粗針目車縫。車縫袖下。(兩片一起進行Z字形車縫,縫份倒向前側)
10 製作袖口布・接縫袖子。(→p.38 **7**)
11 車縫袖子。(→p.38 **8**)

裁布圖(表布)

後片(1片)
摺雙
前片(1片)
210・240cm
後剪接(1片)
0.7
0.7
0
後貼邊(1片)
蝴蝶結綁繩(2片)
袖子(1片)
袖子(1片)
袖口布(2片)
寬115cm

(別布)

摺雙
前剪接(1片)
60cm
肩布(2片)
寬12cm

※除指定處之外,縫份皆為1cm。
※在▒▒貼上止伸襯布條・黏著襯。

完成尺寸　(單位cm)

尺寸	S	M	ML	L	LL
胸圍	153	157	161	165	169
腰圍	162	166	170	174	178
臀圍	172	176	180	184	188
袖長	50.2	50.5	50.8	51.1	51.4
衣長A			62		
衣長B			64.5		
衣長C			67		

03 俏皮糖果色珠飾上衣

page 07

●紙型（A面）

後剪接片　前剪接片　後身片　前片

袖子　袖口布

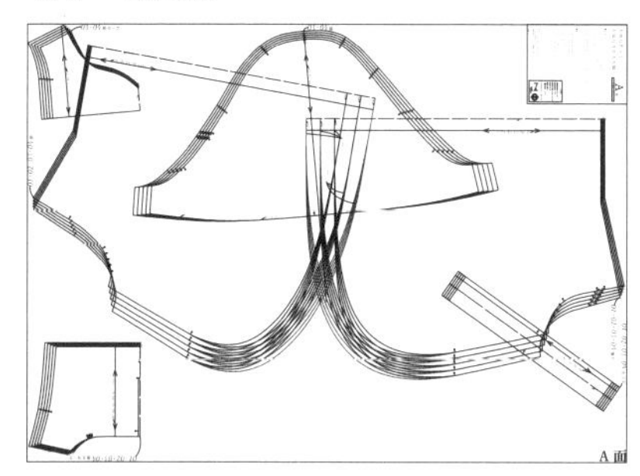

●材料

表布（棉質布）…寬140cm

（S・M）170cm・（ML至LL）200cm

黏著襯（袖口布）＝20×40cm

止伸襯布條（領圍）…寬1.2cm長70cm

糖果色小珠…適量

●準備

前後剪接片貼上止伸襯布條，袖口布貼上黏著襯。

●製作方法

1　接縫表裡剪接片肩線。
2　剪接片正面相對疊合，車縫領圍翻摺線，車縫壓線。
3　下襬三摺邊車縫。
4　接縫剪接片側抽細褶。前後剪接片接縫身片（縫份倒向剪接片側），對齊裡剪接片車縫壓線。
5　車縫身片脇邊（兩片一起進行Z字形車縫，縫份倒向前側）。
6　袖山・袖口粗針目車縫。車縫袖下（兩片一起進行Z字形車縫，縫份倒向前側）。
7　製作袖口布・接縫袖子。
8　車縫袖子。
9　前剪接片縫上珠子。

2　剪接片正面相對疊合，車縫領圍翻摺線，車縫壓線

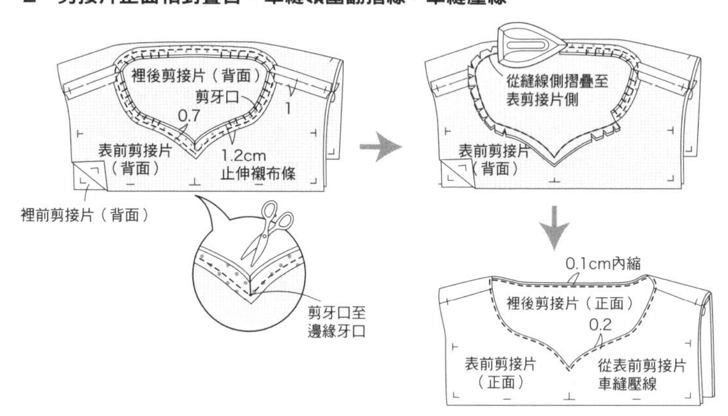

裁布圖（表布）

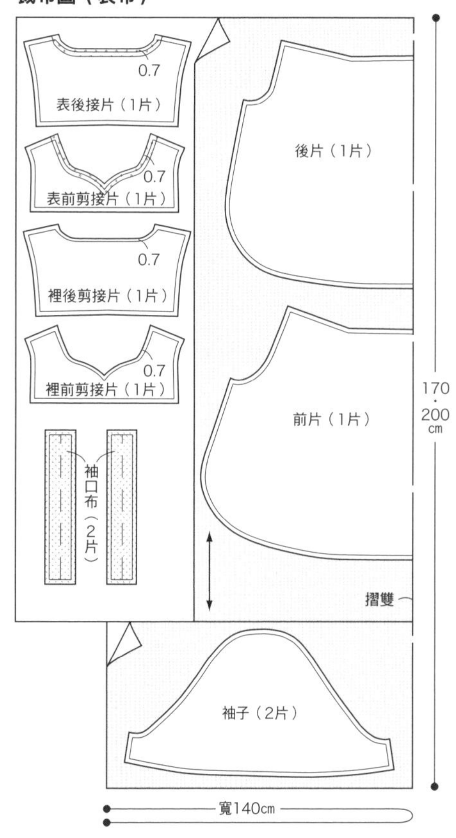

※除指定處之外，縫份皆為1cm。

※在▒▒貼上止伸襯布條・黏著襯。

完成尺寸　（單位cm）

尺寸	S	M	ML	L	LL
胸圍	153	157	161	165	169
腰圍	162	166	170	174	178
臀圍	172	176	180	184	188
袖長	35.2	35.5	35.9	36.2	36.5
衣長A			62		
衣長B			64.5		
衣長C			67		

3　**下襬三摺邊車縫**

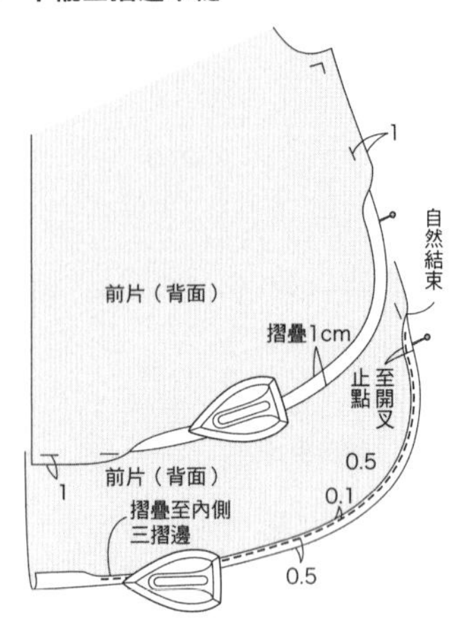

4　**接縫剪接片側抽細褶。前後剪接片接縫身片**
（縫份倒向剪接片側），**對齊裡剪接片車縫壓線**

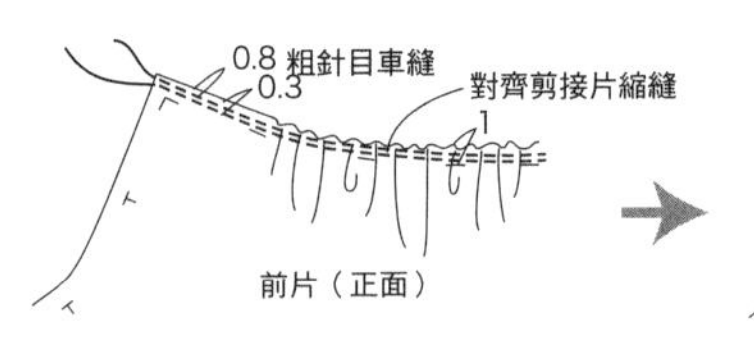

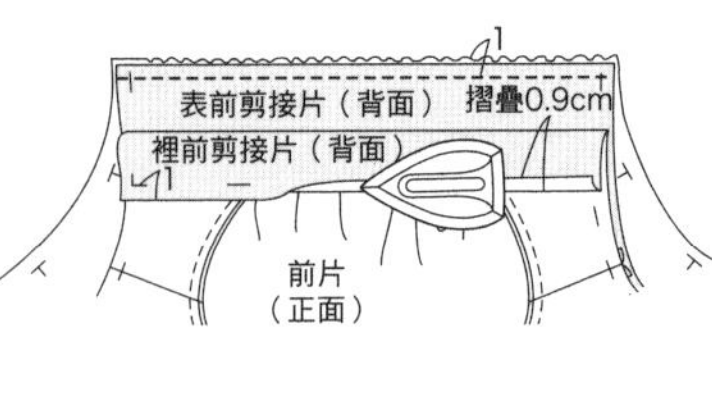

裡前剪接片（正面）　表後剪接片（正面）　0.9　表剪接片側壓線車縫　0.2　0.2　重疊縫線

5　**車縫身片脇邊**（兩片一起進行Z字形車縫，縫份倒向前側）

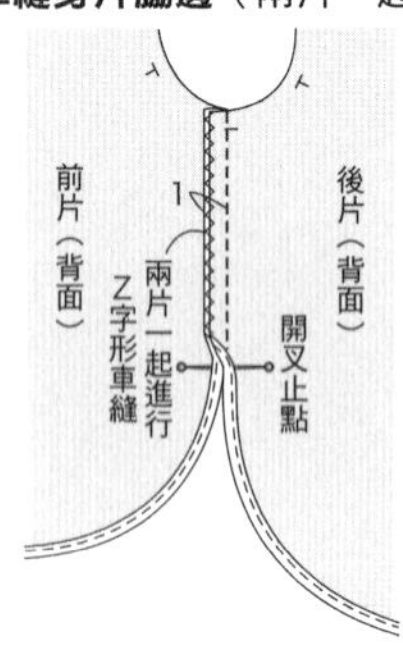

6　**袖山・袖口以粗針目車縫，車縫袖下**（兩片一起進行Z字形車縫，縫份倒向前側）

7　**製作袖口布・接縫袖子**

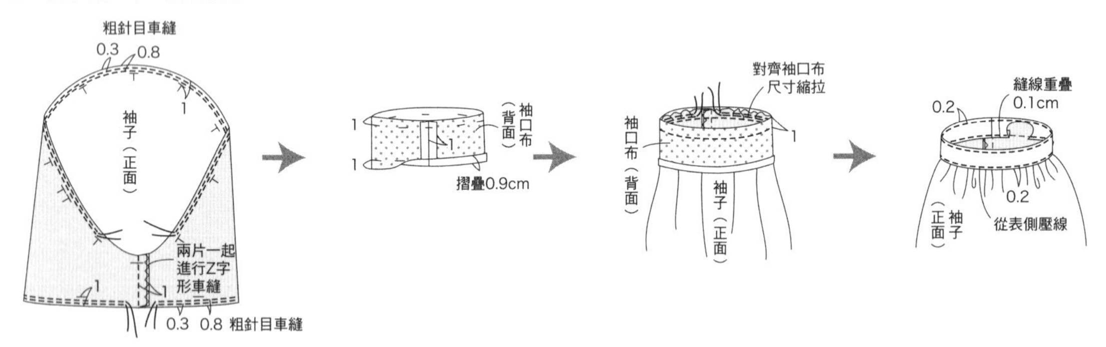

8　**車縫袖子**（兩片一起進行Z字形車縫，縫份倒向袖側）

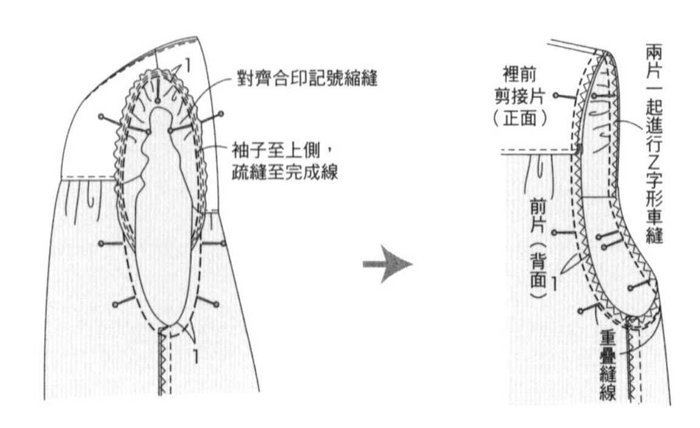

9　**前剪接片縫上珠子**

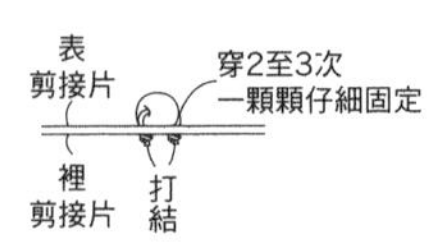

04 俏皮糖果色珠飾連身裙

page 08

●紙型（A面）※口袋布在B面。

後剪接片　前剪接片　後身片　前片

口袋布A・B　袖子　袖口布　腰繩

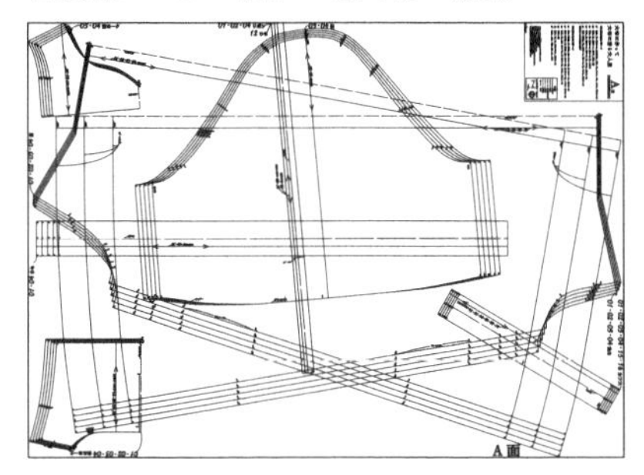

●材料

表布（凹凸加工棉質布）…寬110cm

（S・M）360cm・（ML至LL）380cm

黏著襯（袖口布）＝20×40cm

止伸襯布條（領圍・口袋口）…寬1.2cm長120cm

糖果色小珠…適量

●準備

前後表剪接片＆口袋口貼上止伸襯布條，袖口布貼上黏著襯。身片下襬、身片口袋口、口袋布口進行Z字形車縫。

●製作方法

1 製作腰繩。（→P.35 **1**）

2 接縫表裡剪接片肩線（燙開縫份）。

3 剪接片正面相對疊合車縫領圍翻摺，車縫壓線。（→P.37 **2**）

4 接縫剪接片側抽細褶。前後剪接片接縫身片（縫份倒向剪接片側），對齊裡剪接片車縫壓線。（→P.38 **4**）

5 預留口袋口，車縫身片脇邊（縫份倒向前側）。（→P.43 **1**）

6 製作口袋。同脇邊、口袋布一起進行Z字形車縫。（→P.43 **2**）

7 下襬二摺邊車縫。

8 袖山・袖口粗針目車縫。車縫袖下（兩片一起進行Z字形車縫，縫份倒向前側）。（→P.38 **6**）

9 製作袖口布・接縫袖子。（→P.38 **7**）

10 車縫袖子（兩片一起進行Z字形車縫，縫份倒向袖側）。（→P.38 **8**）

11 前剪接片縫上珠子。

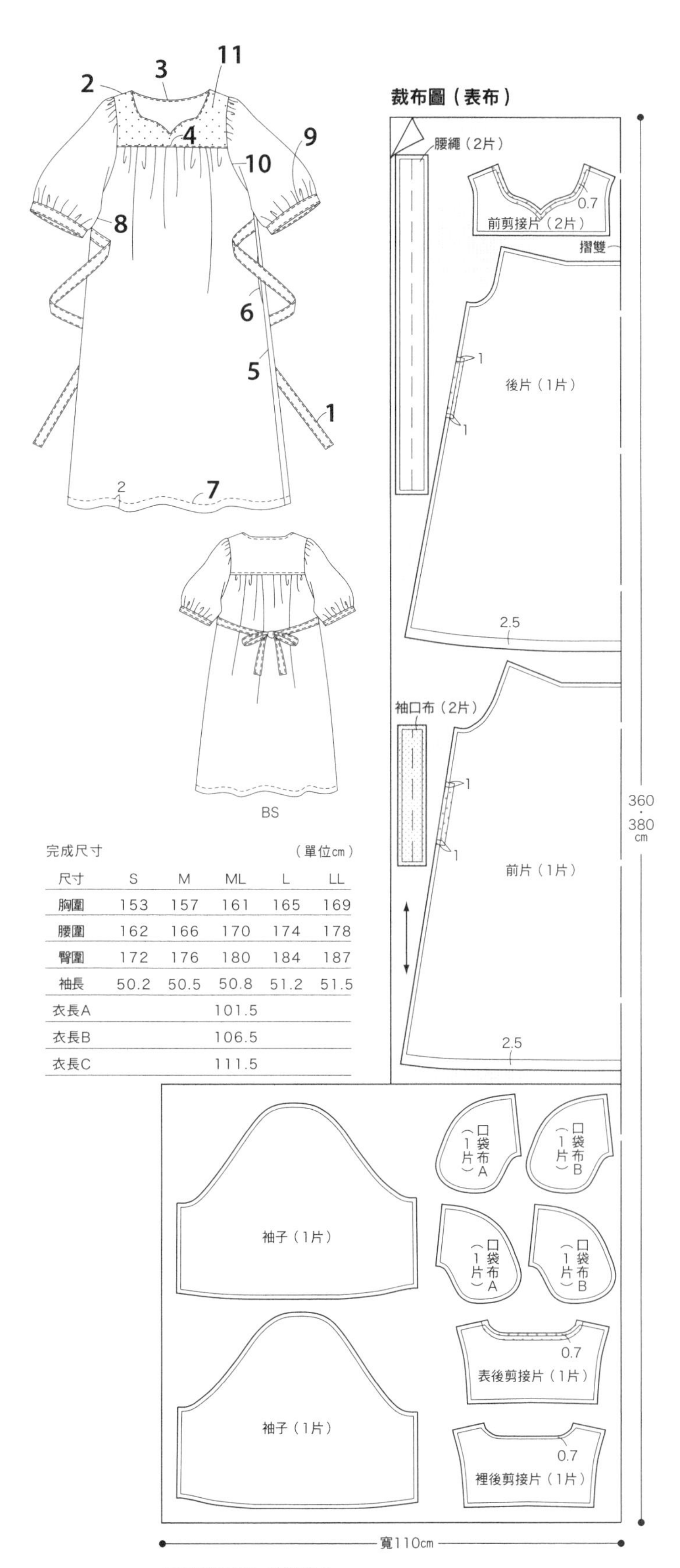

完成尺寸（單位cm）

尺寸	S	M	ML	L	LL
胸圍	153	157	161	165	169
腰圍	162	166	170	174	178
臀圍	172	176	180	184	187
袖長	50.2	50.5	50.8	51.2	51.5
衣長A			101.5		
衣長B			106.5		
衣長C			111.5		

※除指定處之外，縫份皆為1cm。

※在▭貼上止伸襯布條・黏著襯。

05 燈籠袖連身裙
page 10,11

●紙型（A面）※口袋布在B面。
後身片　後剪接片　前身片　前剪接片
口袋布A・B　後袖　前袖

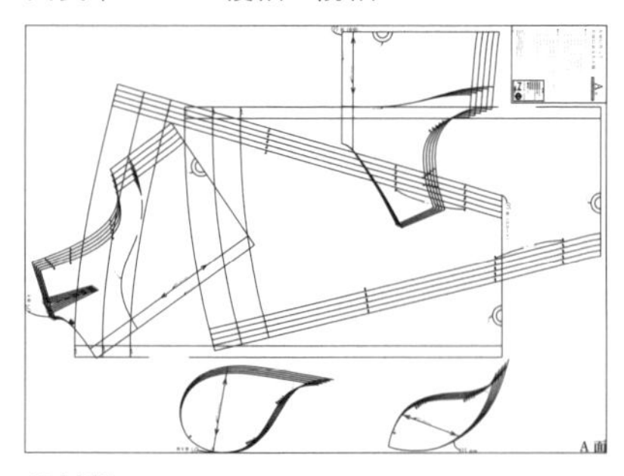

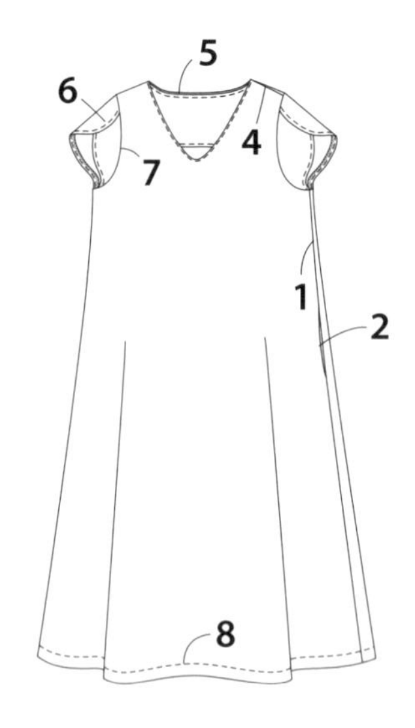

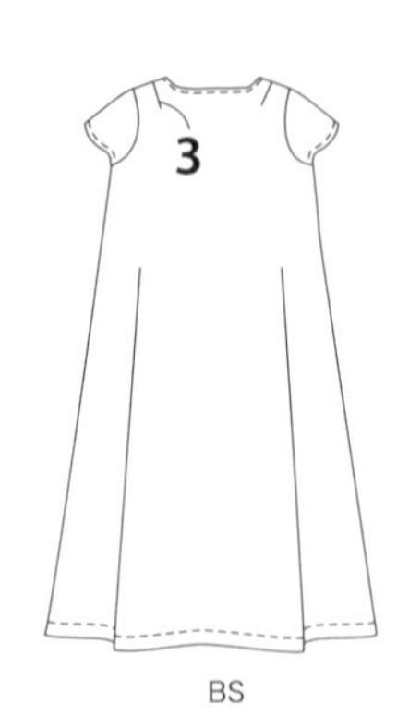

BS

●材料

表布（棉質雙層紗布）…寬110cm
（S・M）270cm・（ML至LL）290cm
黏著襯（袖口布）＝90×40cm
止伸襯布條（領圍・口袋口）…寬1.2cm長130cm

●準備

身片領圍＆口袋口貼上止伸襯布條，貼邊貼上黏著襯。身片下襬、身片口袋口、口袋布口、貼邊邊端、袖口進行Z字形車縫。

●製作方法

1　預留口袋口，車縫身片脇邊。（→P.43 **1**）
2　製作口袋。脇邊、口袋布一起進行Z字形車縫。（→P.43 **2**）
3　車縫身片・貼邊肩褶（縫份倒向中心側）。
4　車縫身片・貼邊肩線（燙開縫份）。貼邊邊端對摺車縫。車縫貼邊脇邊（燙開縫份）。
5　身片和貼邊正面相對疊合，車縫領圍翻摺線。
6　袖口二摺邊車縫。前袖和後袖重疊粗針目車縫，接縫身片固定。
7　身片和貼邊正面相對疊合車縫袖襱翻摺。從牙口將縫份從另一側拉出重疊。
車縫其他袖襱（三片一起進行Z字形車縫，上部縫份倒向袖側）。
貼邊邊端固定至身片脇邊縫份。
8　下襬二摺邊車縫。

裁布圖（表布）

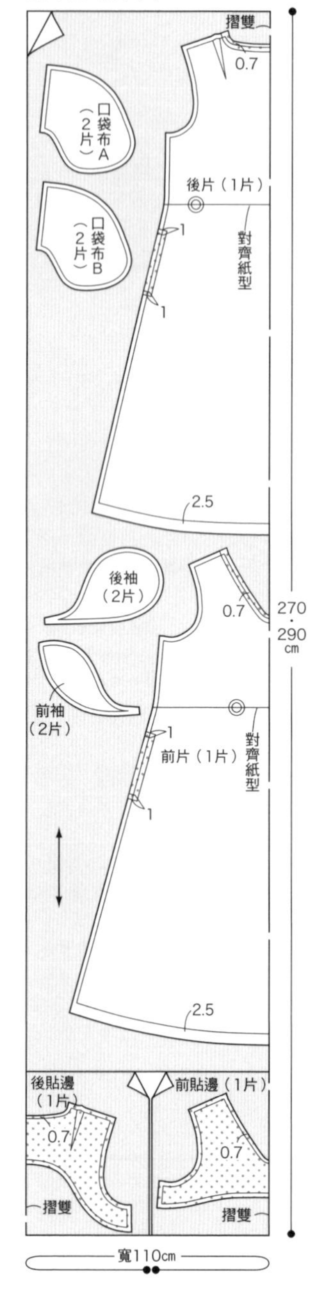

※除指定處之外，縫份皆為1cm。
※在▒貼上止伸襯布條・黏著襯。

完成尺寸　（單位cm）

尺寸	S	M	ML	L	LL
胸圍	89.5	93.5	97.5	101.5	105.5
腰圍	99.5	103.5	107.5	111.5	115.5
臀圍	112.5	116.5	120.5	124.5	128.5
袖長	14.7	15	15.3	15.6	15.9
衣長A			100		
衣長B			105		
衣長C			110		

6　袖口二摺邊車縫。前袖和後袖重疊粗針目車縫，接縫身片固定

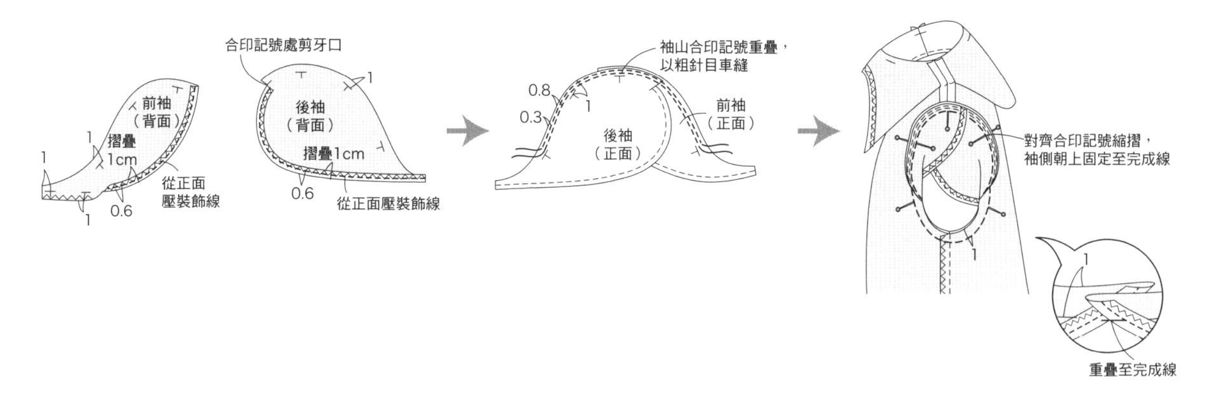

7　身片和貼邊正面相對疊合，車縫袖襱翻摺線
從牙口將縫份從另一側拉出重疊
車縫其他袖襱，貼邊邊端固定至身片脇邊縫份

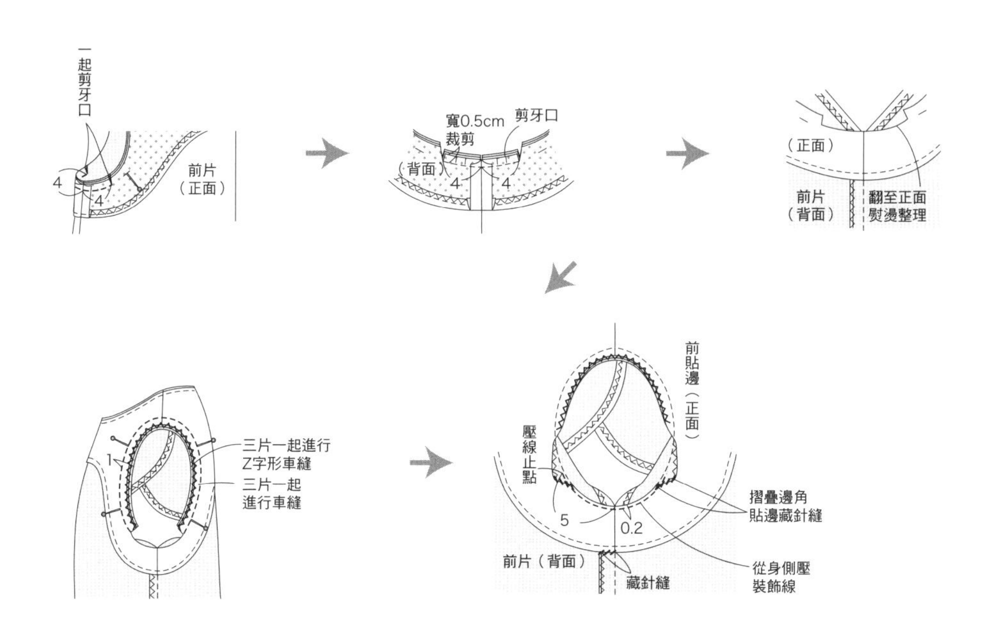

06 柔軟亞麻連身裙
page 12

●紙型（B面）

後身片　後貼邊　前片　前貼邊
口袋布A・B　蝴蝶結

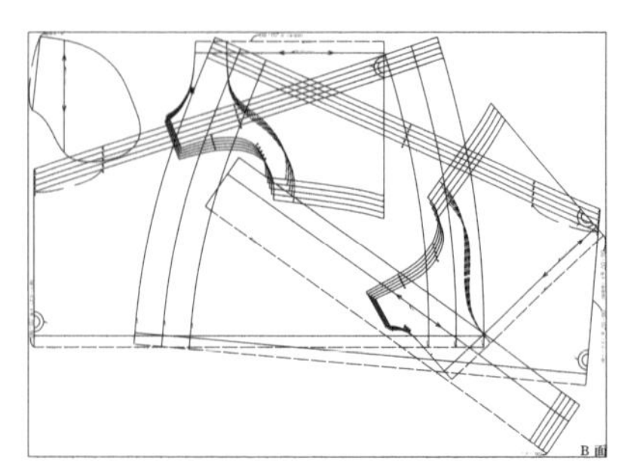

●材料

表布（亞麻布）…寬110cm
（S・M）310cm・（ML至LL）330cm
黏著襯（貼邊）＝90×40cm
止伸襯布條（領圍・袖襱・口袋口）…寬1.2cm長130cm

●準備

領圍、袖襱、口袋口貼上止伸襯布條，貼邊貼上黏著襯。身片下襬、身片口袋口、口袋布口、貼邊邊端進行Z字形車縫。

●製作方法

1　預留口袋口車縫身片脇邊（縫份倒向前側）。
2　製作口袋。脇邊、口袋布一起進行Z字形車縫。
3　車縫身片、貼邊肩線（燙開縫份）。貼邊邊端對摺車縫。車縫貼邊脇邊（燙開縫份）。
4　身片和貼邊正面相對疊合，車縫領圍壓線。
5　身片和貼邊正面相對疊合，車縫袖襱壓線。貼邊邊端接縫身片固定。
6　下襬二摺邊車縫。
7　製作蝴蝶結。

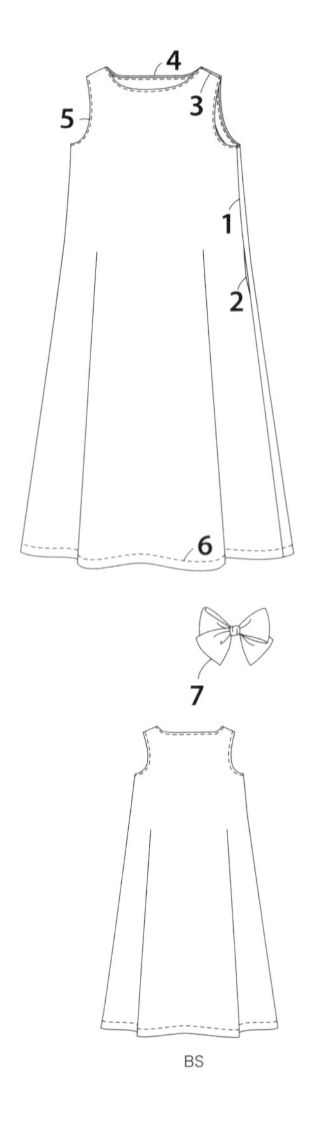

裁布圖（表布）

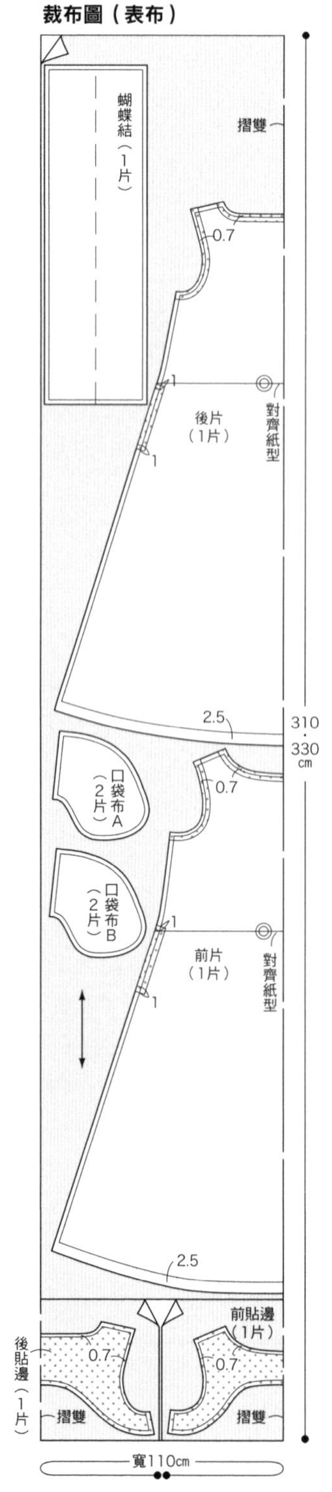

※除指定處之外，縫份皆為1cm。
※在▒貼上止伸襯布條・黏著襯。

完成尺寸　（單位cm）

尺寸	S	M	ML	L	LL
胸圍	93	97	101	105	109
腰圍	109	113	117	121	128
臀圍	124	128	132	136	140
衣長A			109		
衣長B			114		
衣長C			119		

1　預留口袋口，車縫身片脇邊

（縫份倒向前側）

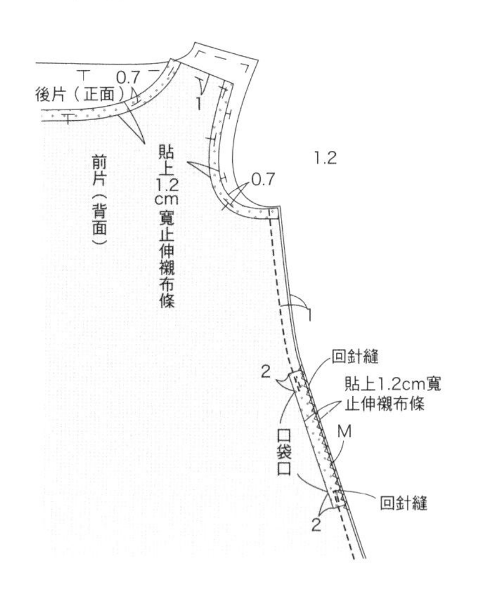

2　製作口袋

脇邊・口袋布一起進行Z字形車縫

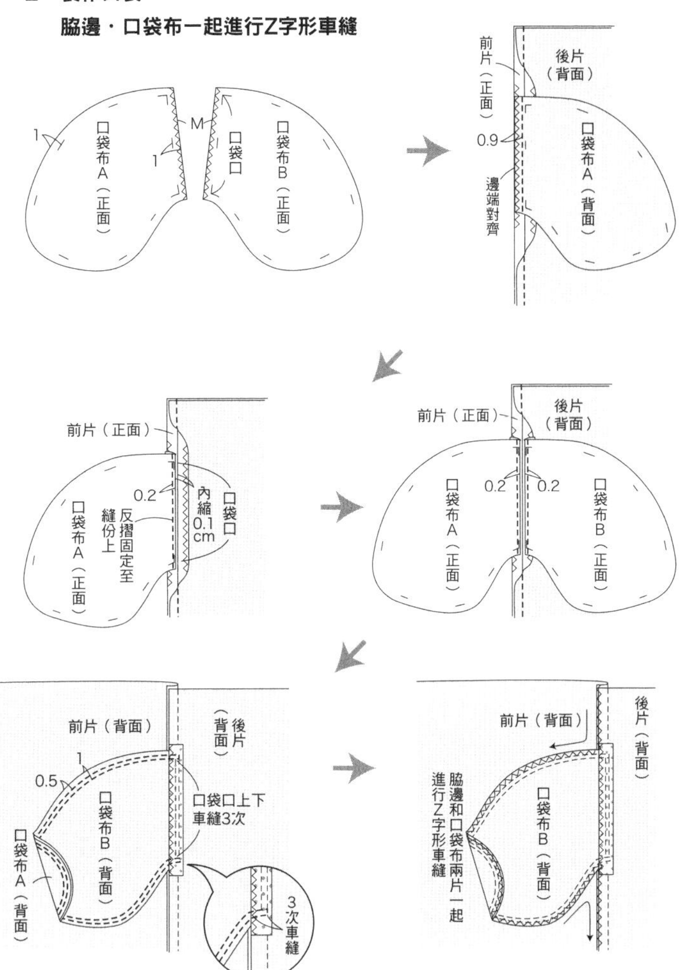

3　車縫身片・貼邊肩線

（燙開縫份）

貼邊邊端對摺車縫，車縫貼邊脇邊

（燙開縫份）

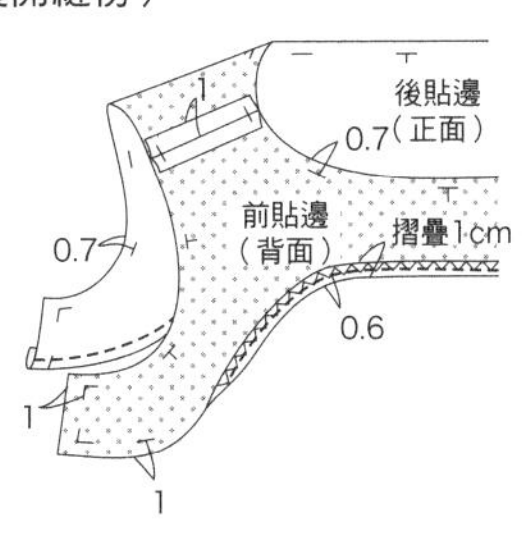

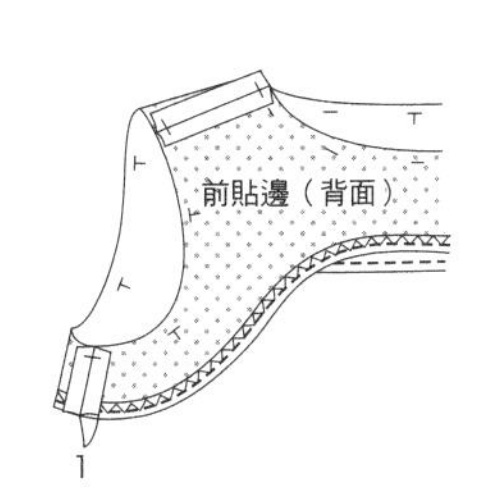

4　身片和貼邊正面相對疊合，車縫領圍壓線

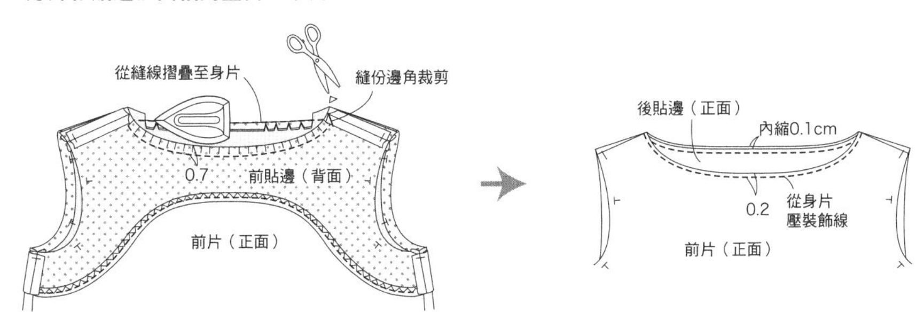

5　身片和貼邊正面相對疊合，車縫袖襱壓線
貼邊邊端接縫身片固定

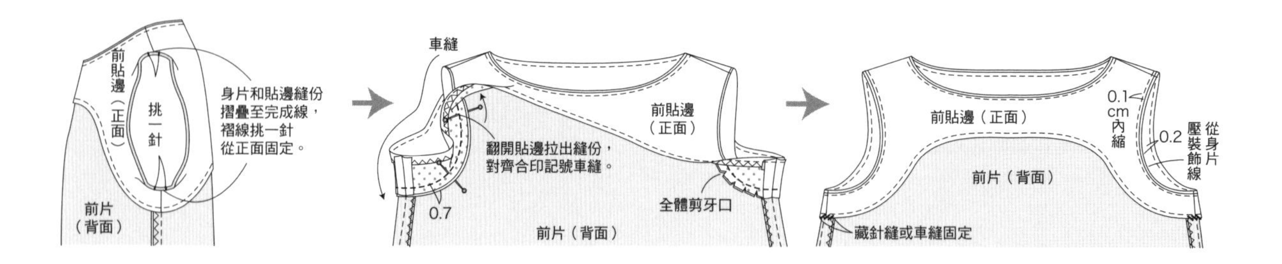

6　下襬二摺邊車縫

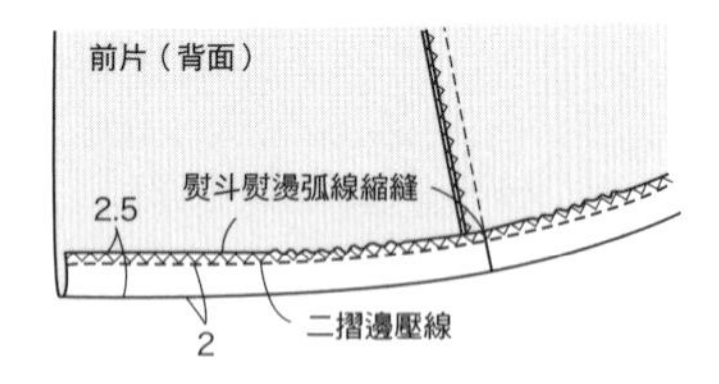

7　製作蝴蝶結

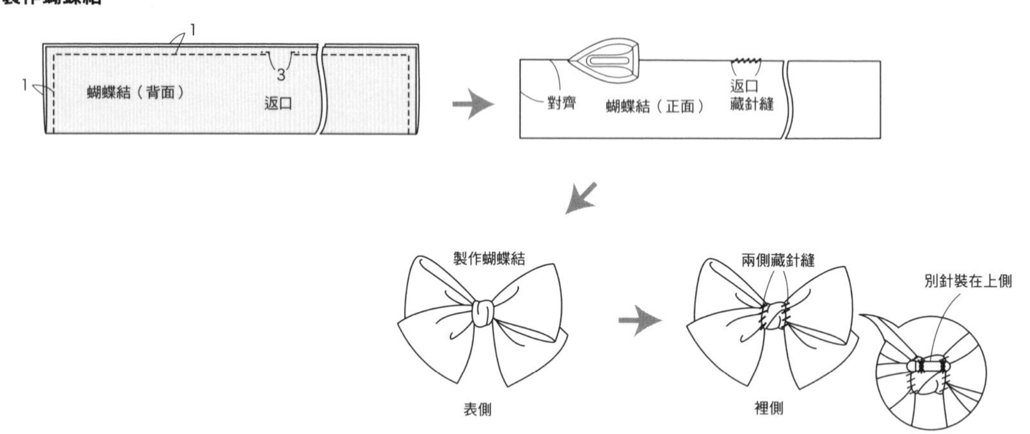

09 簡單四角形上衣

page 15

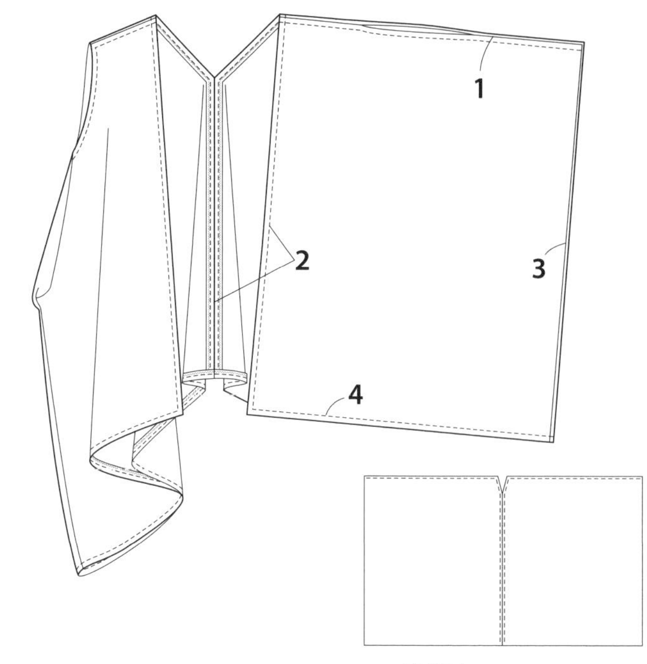

●紙型（B面）

後片　前片

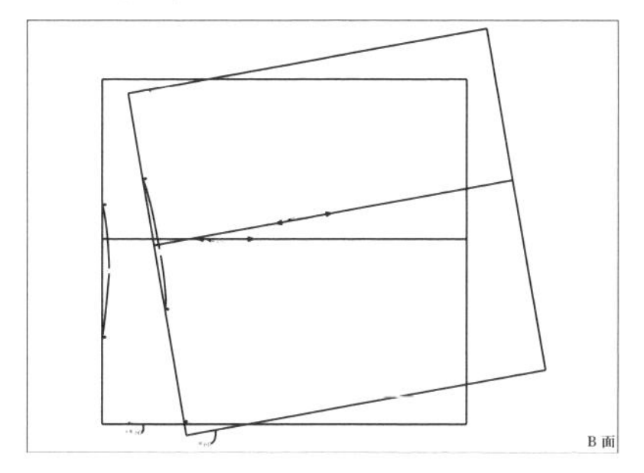

●材料

表布（絲布）…寬140cm長140cm

●準備

脇邊之外三邊進行Z字形車縫。

●製作方法

1　車縫肩線
2　車縫前後中心
3　車縫脇邊
4　車縫下襬

完成尺寸　（單位cm）

尺寸	Free
胸圍	239
衣長	65

1　車縫肩線

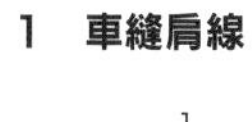

裁布圖（表布）

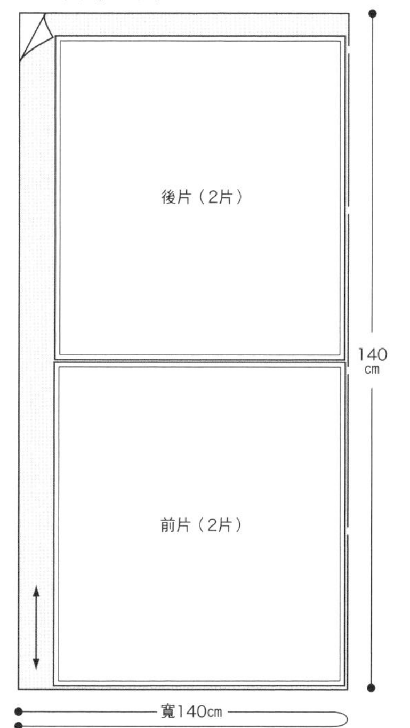

※除指定處之外，縫份皆為1cm。

2　車縫前後中心

3　車縫脇邊

4　車縫下襬

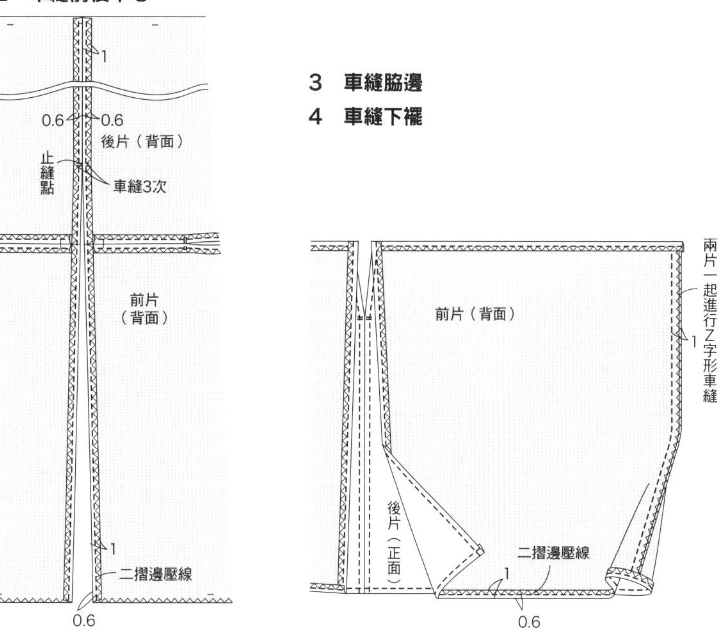

07 荷葉邊袖柔軟連身裙

page 13

●紙型（B面）

後片　後貼邊　前片　前貼邊

口袋布A・B　荷葉邊

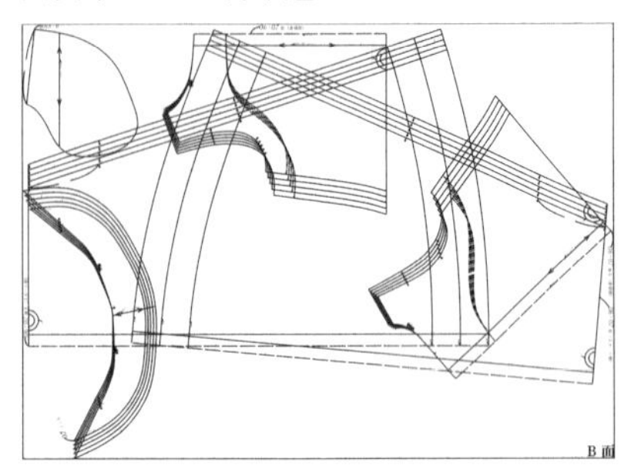

●材料

表布（亞麻布）…寬110cm

（S・M）310cm・（ML至LL）330cm

黏著襯（貼邊）＝90×30cm

止伸襯布條（領圍・袖襱・口袋口）…寬1.2cm長130cm

●準備

領圍、袖襱、口袋口貼上止伸襯布條。貼邊貼上黏著襯。身片下襬、口袋口、口袋布口、貼邊邊端、荷葉邊邊端進行Z字形車縫。

●製作方法

1　預留口袋口，車縫身片脇邊（縫份倒向前側）。（→P.43 **1**）

2　製作口袋，脇邊・口袋布一起進行Z字形車縫。（→P.43 **2**）

3　車縫身片・貼邊肩線（燙開縫份）。（→P.43 **3**）

4　身片和貼邊正面相對疊合，車縫領圍壓裝飾線。（→P.43 **4**）

5　荷葉邊邊端二摺邊車縫。縫製側以粗針目車縫，對齊身片合印記號縮摺，疏縫固定。

6　身片和貼邊正面相對疊車縫袖襱壓線。將縫份從牙口拉出另一側重疊。車縫袖襱（三片一起進行Z字形車縫）。上部縫份袖襱底壓線。貼邊邊端固定至身片脇邊縫份。

7　下襬二摺邊車縫。（→P.44 **6**）

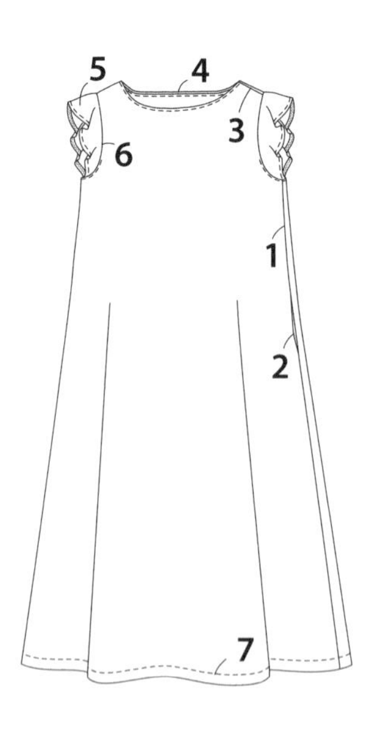

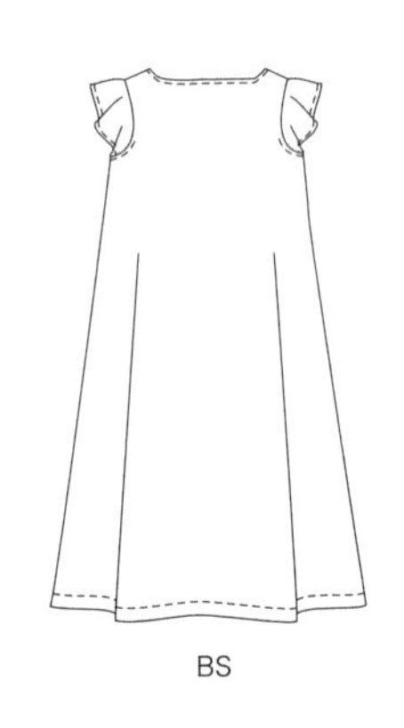

BS

裁布圖（表布）

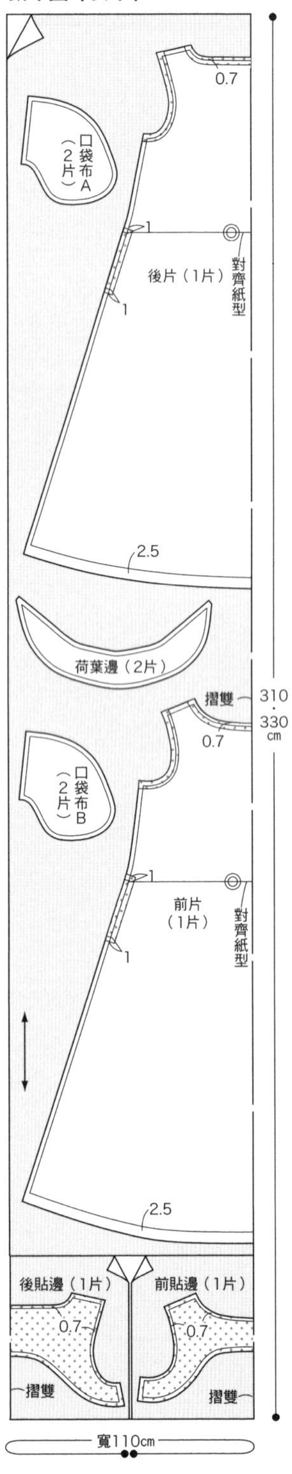

※除指定處之外，縫份皆為1cm。

※在▒貼上止伸襯布條・黏著襯。

完成尺寸　（單位cm）

尺寸	S	M	ML	L	LL
胸圍	93	97	101	105	109
腰圍	109	113	117	121	128
臀圍	124	128	132	136	140
袖長	5	6	7	8	9
衣長A			109		
衣長B			114		
衣長C			119		

5　荷葉邊邊端二摺邊車縫

縫製側以粗針目車縫，對齊身片合印記號縮摺，疏縫固定

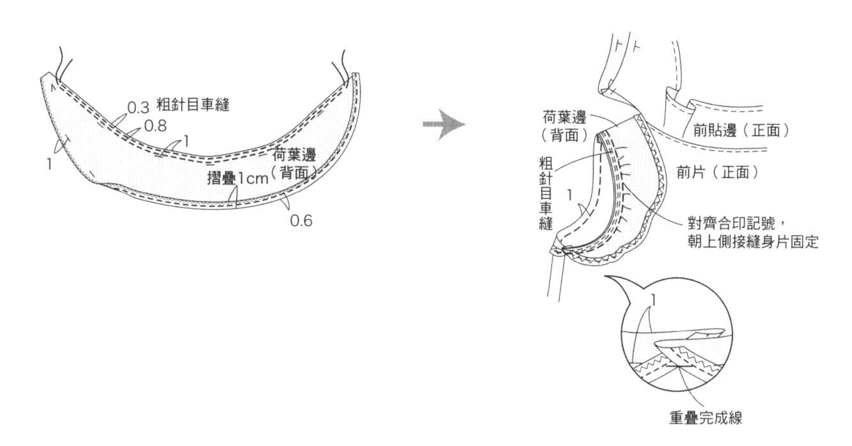

6　身片和貼邊正面相對疊車縫袖襱壓線

從牙口將縫份從另一側拉出重疊

車縫袖襱（三片一起進行Z字形車縫）

上部縫份袖襱底壓線。貼邊邊端固定至身片脇邊縫份

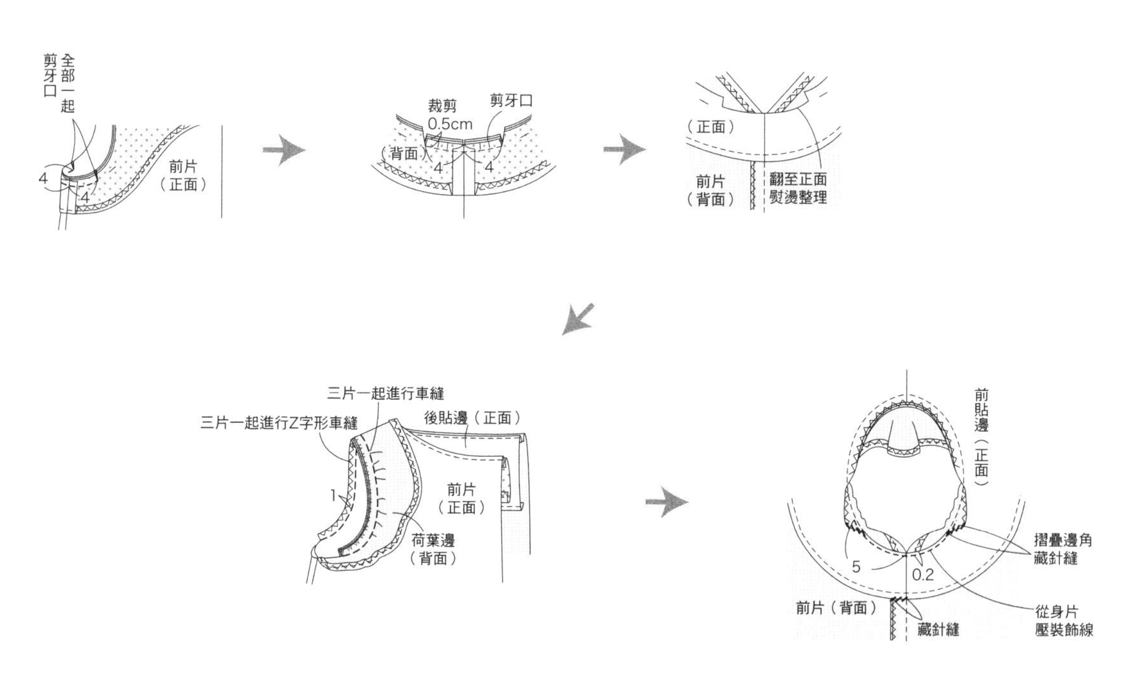

08 細肩帶荷葉連身裙

page 14

●紙型（B面）

上後片　上前片　下後片　下前片
口袋布A・B　荷葉邊　滾邊條

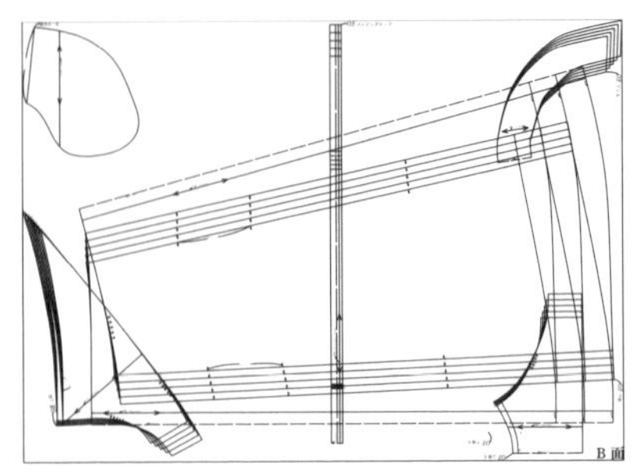

●材料

表布（亞麻布）…寬110cm
（S・M）320cm・（ML至LL）340cm
止伸襯布條（領圍・袖襱・口袋口）…寬1.2cm長160cm

●準備

表上片領圍、袖襱、下身片口袋口貼上止伸襯布條，貼邊貼上黏著襯。身片下襬、口袋口、口袋布口、荷葉邊邊端進行Z字形車縫。

●製作方法

1　荷葉邊邊端二摺邊車縫。縫製側以粗針目車縫。
2　車縫表裡上身片脇邊（燙開縫份）。
3　表裡上身片正面相對疊合，車縫袖襱壓線。接縫表裡上身片領圍，右身片重疊荷葉邊疏縫固定。
4　領圍包捲滾邊條，接著製作肩繩。前片疊合至完成線疏縫固定。
5　預留口袋口車縫身片脇邊（縫份倒向前側）。（→P.43 **1**）
6　製作口袋。脇邊和口袋布進行Z字形車縫。（→P.43 **2**）
7　下襬二摺邊車縫。
8　下身片抽細褶。接縫上下身片（全部一起進行Z字形車縫，縫份倒向上身側）。

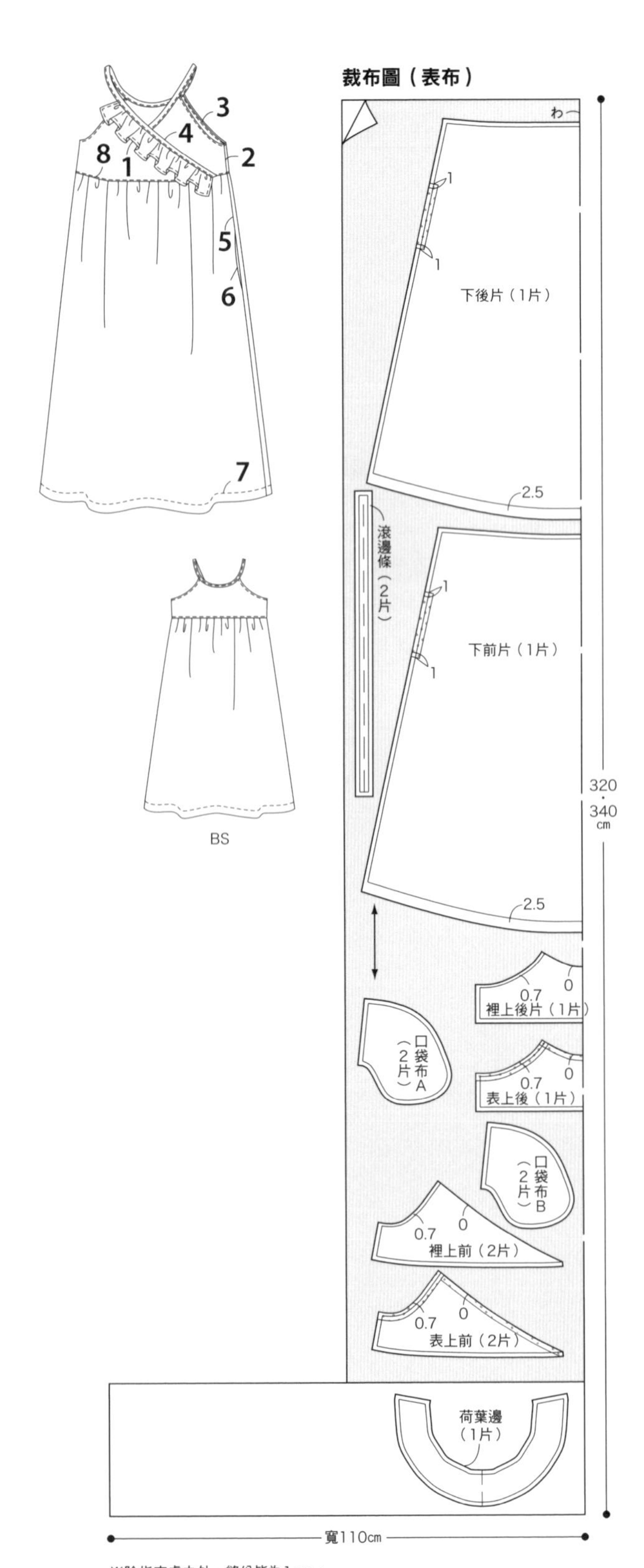

※除指定處之外，縫份皆為1cm。
※在▒貼上止伸襯布條・黏著襯。

完成尺寸

尺寸					（單位cm）
胸圍	S	M	ML	L	LL
腰圍	92.5	96.5	100.5	104.5	108.5
臀圍	95	99	103	107	111
袖長	134	139	144	149	154
衣長A			94		
衣長B			99		
衣長C			104		

1 荷葉邊邊端二摺邊車縫，縫製側以粗針目車縫

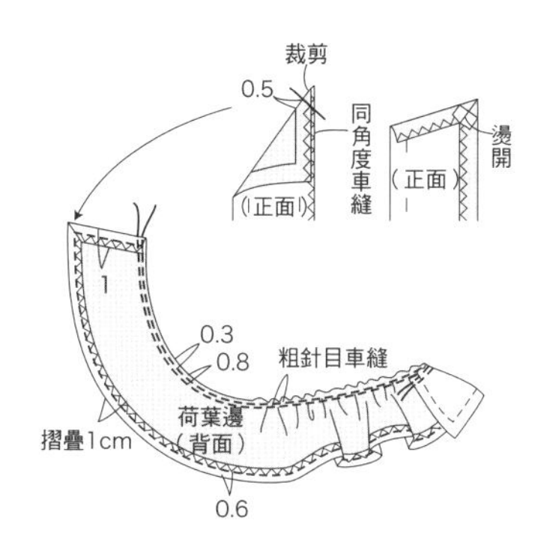

2 車縫表裡上身片脇邊（燙開縫份）

3 表裡上身片正面相對疊合車縫袖襱壓線
接縫表裡上身片領圍，
右身片重疊荷葉邊疏縫固定

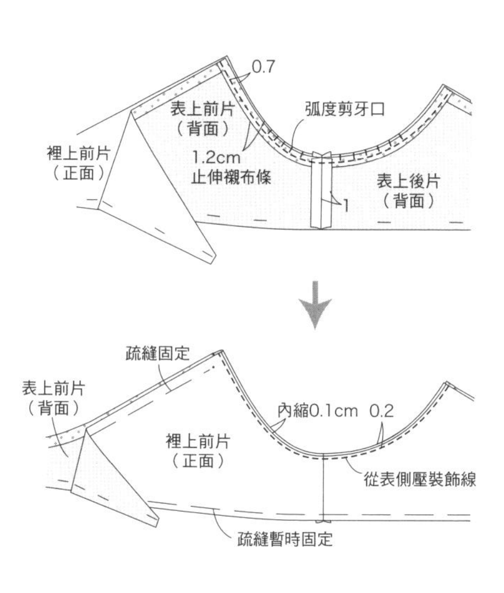

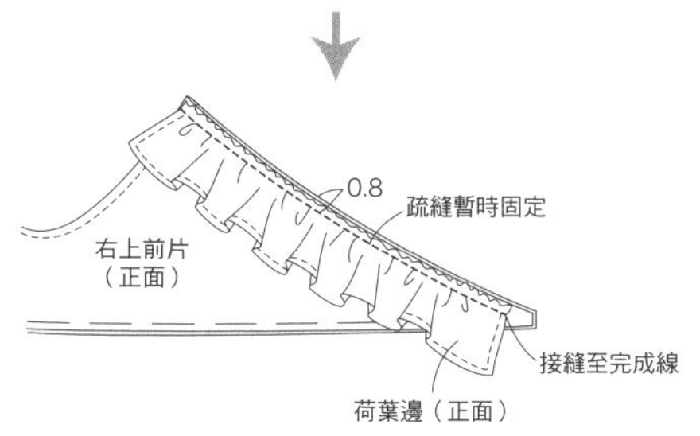

4 領圍包捲滾邊條，接著製作肩繩
前片重疊至完成線疏縫固定

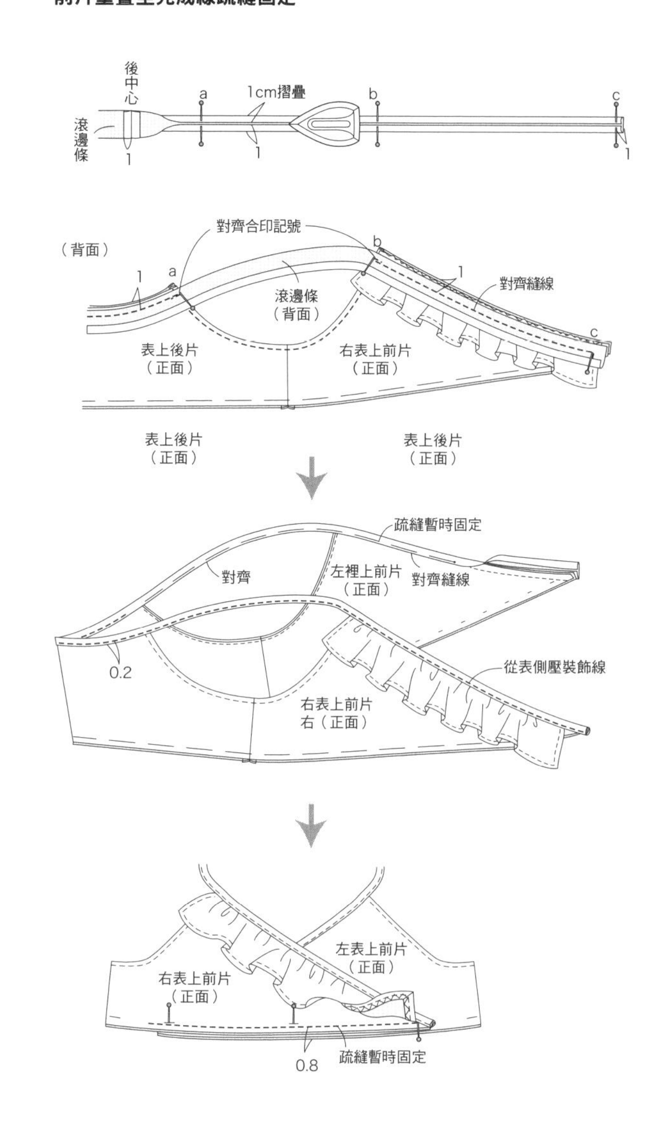

8 下身片抽細褶，接縫上下身片
（全部一起進行Z字形車縫，縫份倒向上身側）
壓裝飾線

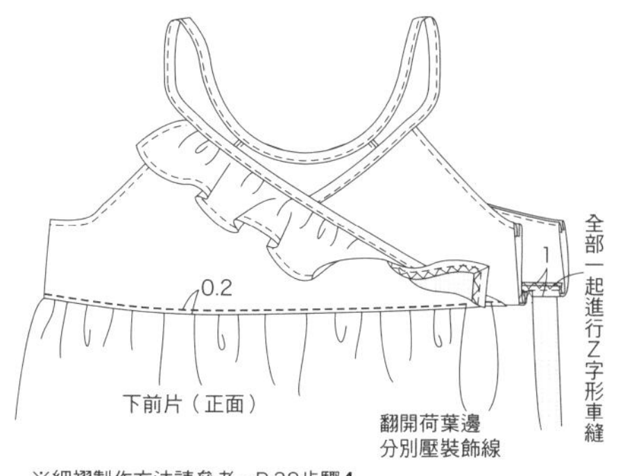

※細褶製作方法請參考→P.38步驟**4**

10 細褶領正式連身裙

page 16

●**紙型**（B面）

後片　後貼邊　前片　前貼邊
口袋布A・B　袖子　領圍荷葉邊

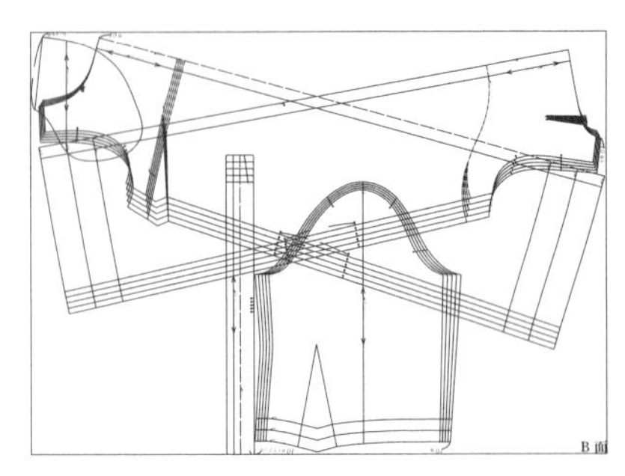

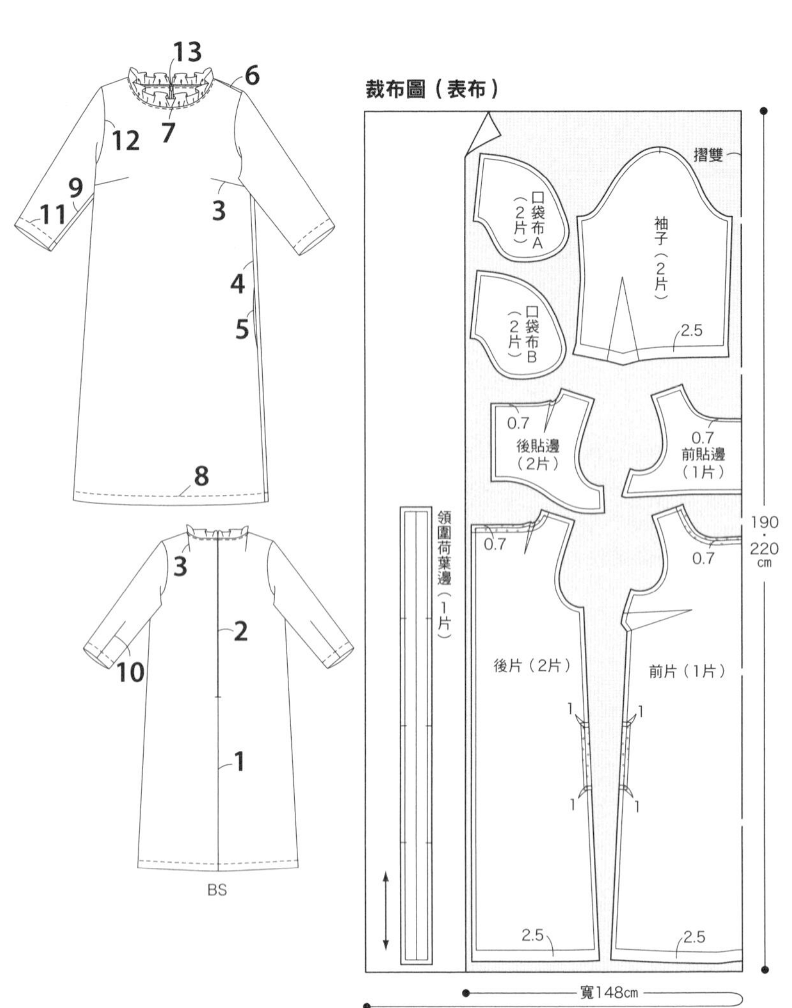

※除指定處之外，縫份皆為1cm。
※在▒▒貼上止伸襯布條・黏著襯。

●**材料**

表布（羊毛布）…寬148cm
（S・M）190cm・（ML至LL）220cm
止伸襯布條（領圍・口袋口）…寬1.2cm
（S・M）140cm・（ML至LL）150cm
隱形拉鍊＝56cm 1條
鉤釦＝1組

●**準備**

領圍、口袋口貼上止伸襯布條。貼邊貼上黏著襯。身片下襬、後中心、口袋口、口袋布口、貼邊邊端、袖口進行Z字形車縫。

●**製作方法**

1 從後中心開叉止點車縫到下襬（燙開縫份）。
2 裝上隱形拉鍊。
3 車縫胸口尖褶。
4 預留口袋口，車縫身片脇邊（縫份倒向前側）。（→P.43 **1**）
5 製作口袋。脇邊與口袋布一起進行Z字形車縫。（→P.43 **2**）
6 車縫身片・貼邊肩線（燙開縫份）。貼邊邊端對摺車縫。車縫貼邊脇邊（燙開縫份）。
7 身片領圍疏縫固定荷葉邊。身片和貼邊正面相對疊合，車縫領圍壓線。
8 下襬二摺邊車縫。
9 袖山粗針目車縫，袖口熨燙摺疊。翻開褶線車縫袖下（兩片一起進行Z字形車縫。縫份倒向袖側）。
10 袖口二摺邊疏縫固定，車縫袖尖褶。
11 車縫袖口。對齊身片合印記號袖山，熨燙縮褶。
12 接縫袖子（兩片一起進行Z字形車縫，縫份倒向袖側）。
13 後中心裝上鉤釦。貼邊邊端固定至身片脇邊縫份。

完成尺寸（單位cm）

尺寸	S	M	ML	L	LL
胸圍	92	96	100	104	108
腰圍	97	101	105	109	113
臀圍	100	104	108	112	116
袖長A	40.7	41	41.3	41.6	41.9
袖長B	42.7	43	43.3	43.6	43.9
袖長C	44.7	45	45.3	45.6	45.9
衣長A			88		
衣長B			93		
衣長C			98		

2 裝上隱形拉鍊

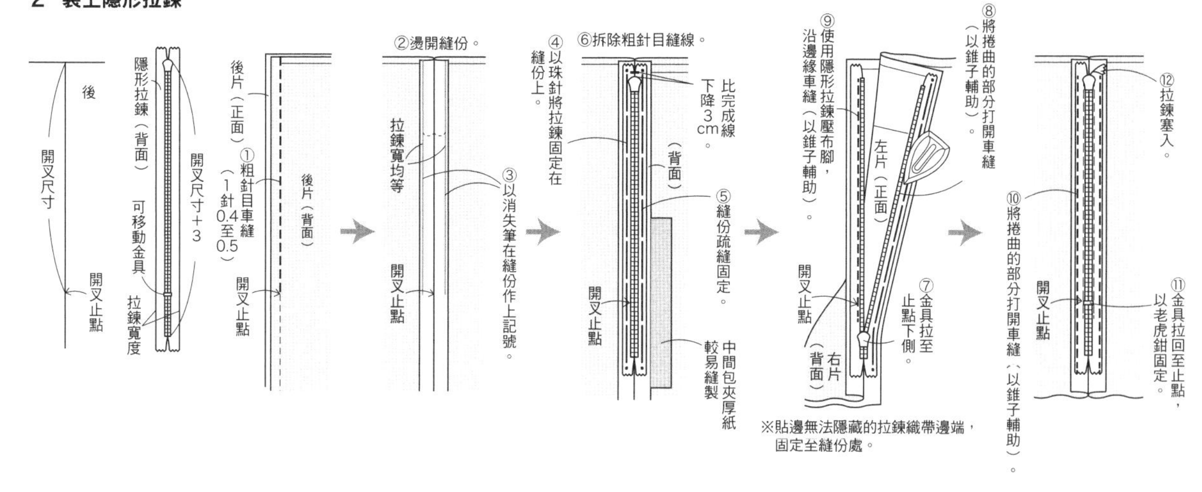

7 身片領圍疏縫固定荷葉邊。身片和貼邊正面相對疊合，車縫領圍壓線

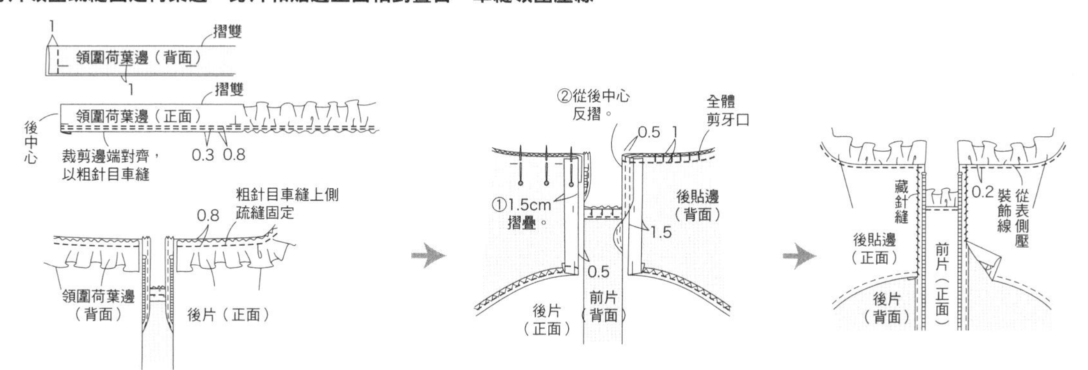

9 袖山粗針目車縫，袖口熨燙摺疊
翻開褶線車縫袖下
（兩片一起進行Z字形車縫，縫份倒向袖側）
10 袖口二摺邊疏縫固定，車縫袖尖褶

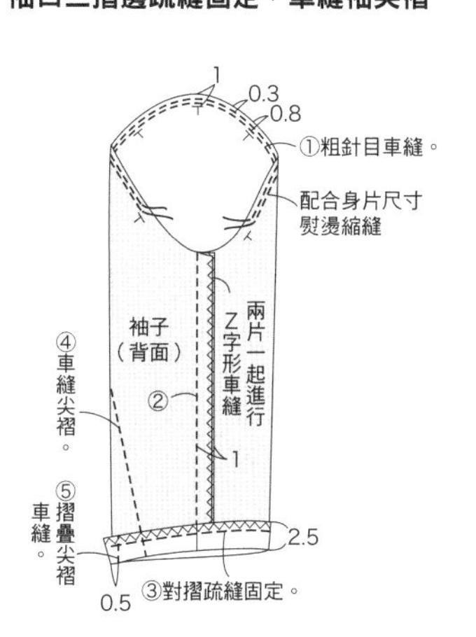

11 車縫袖口
對齊身片合印記號
袖山熨燙縮褶

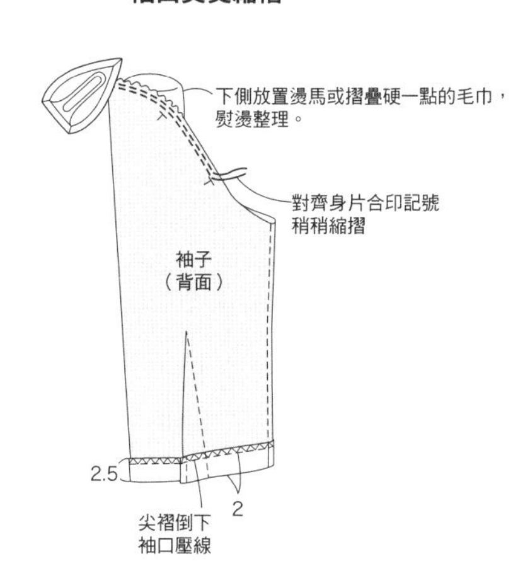

12 接縫袖子

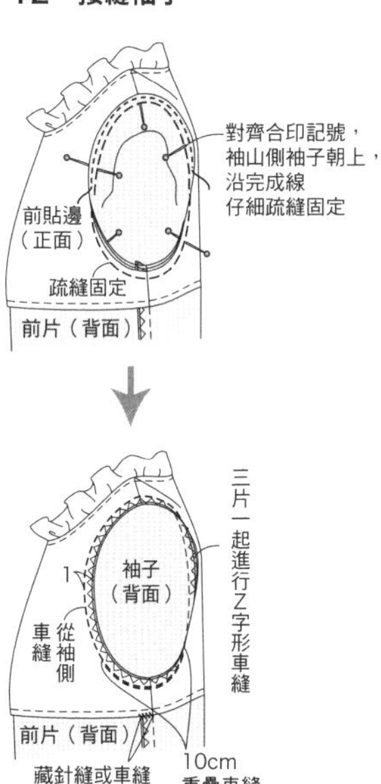

13 後中心裝上鉤釦。貼邊邊端固定至身片脇邊縫份

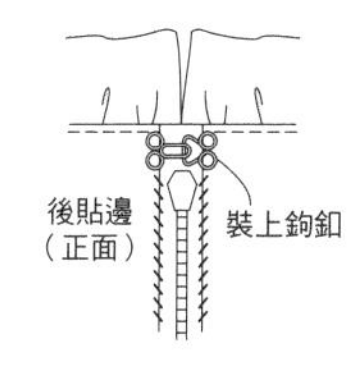

11 荷葉邊格紋長版上衣
page 18

●紙型（C面）
上後片　上前片　下後片　下前片
領荷葉邊（右・左）　袖荷葉邊
領圍滾邊條　袖襱滾邊條

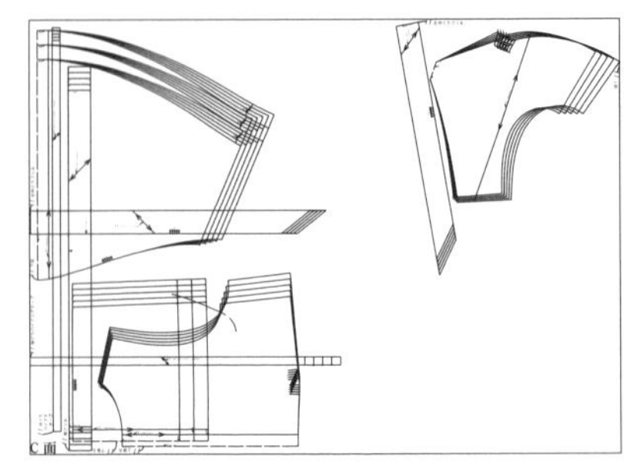

●材料
表布（格紋布 素面均為棉布）…寬110cm（S・M）160cm・（ML至LL）170cm
止伸襯布條（領圍・袖襱）…寬1.2cm（S・M）200cm・（ML至LL）210cm

●準備
領圍・袖襱貼上止伸襯布條。

●製作方法
1　前後上身片摺疊褶子。
2　車縫肩線（兩片一起進行Z字形車縫，縫份倒向後側）。
3　車縫上身片脇邊（兩片一起進行Z字形車縫，縫份倒向後側）。
4　領圍重疊荷葉邊，滾邊處理。
5　袖襱重疊荷葉邊，滾邊處理。
6　車縫下身片脇邊（兩片一起進行Z字形車縫，縫份倒向後側）。
7　下襬三摺邊車縫。
8　接縫上下身片（全部一起進行Z字形車縫，縫份倒向上身側），壓裝飾線。

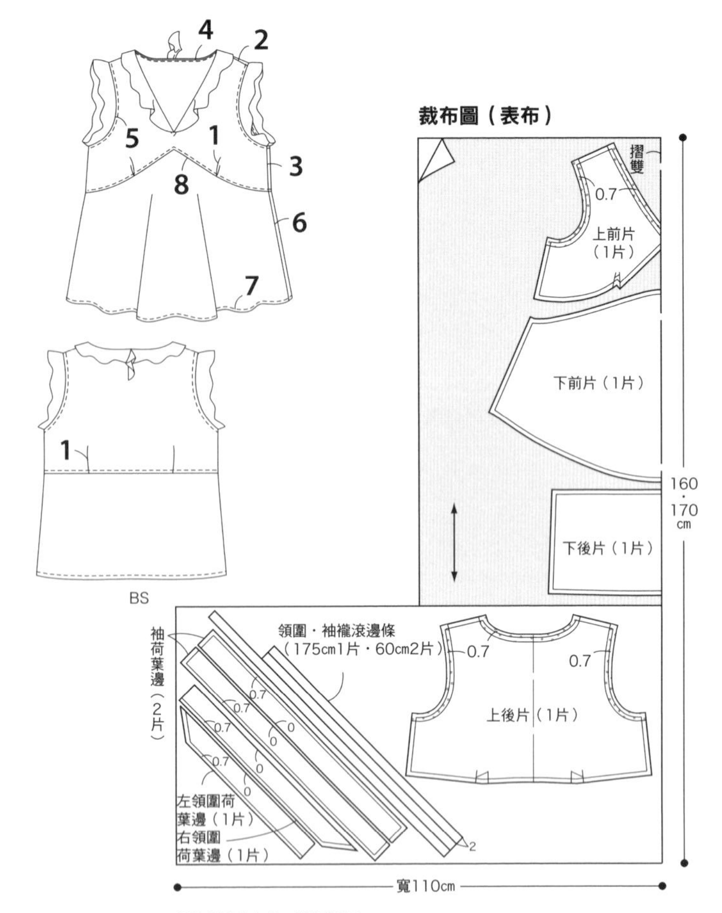

※除指定處之外，縫份皆為1cm。
※在▒▒貼上止伸襯布條・黏著襯。

完成尺寸　（單位cm）

尺寸	S	M	ML	L	LL
胸圍	97	101	105	109	113
腰圍	103	107	111	115	119
衣長A			49.7		
衣長B			52.2		
衣長C			54.7		

1　前後上身片摺疊褶子

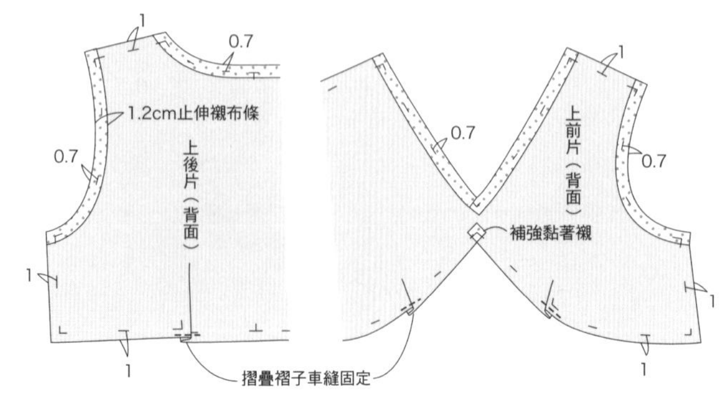

2　車縫肩線（兩片一起進行Z字形車縫，縫份倒向後側）
3　車縫上身片脇邊（兩片一起進行Z字形車縫，縫份倒向後側）

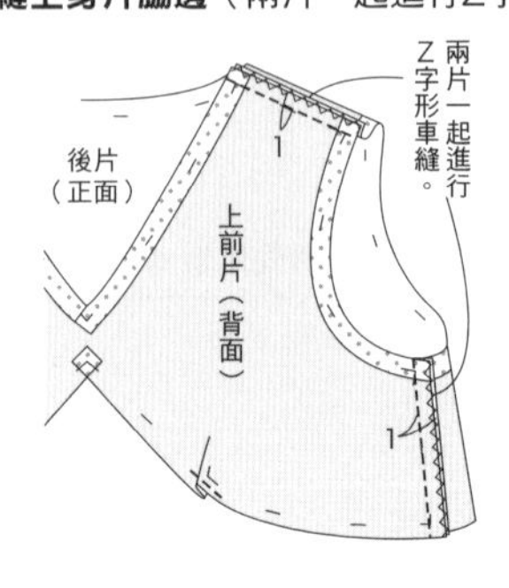

4　領圍重疊荷葉邊，滾邊處理

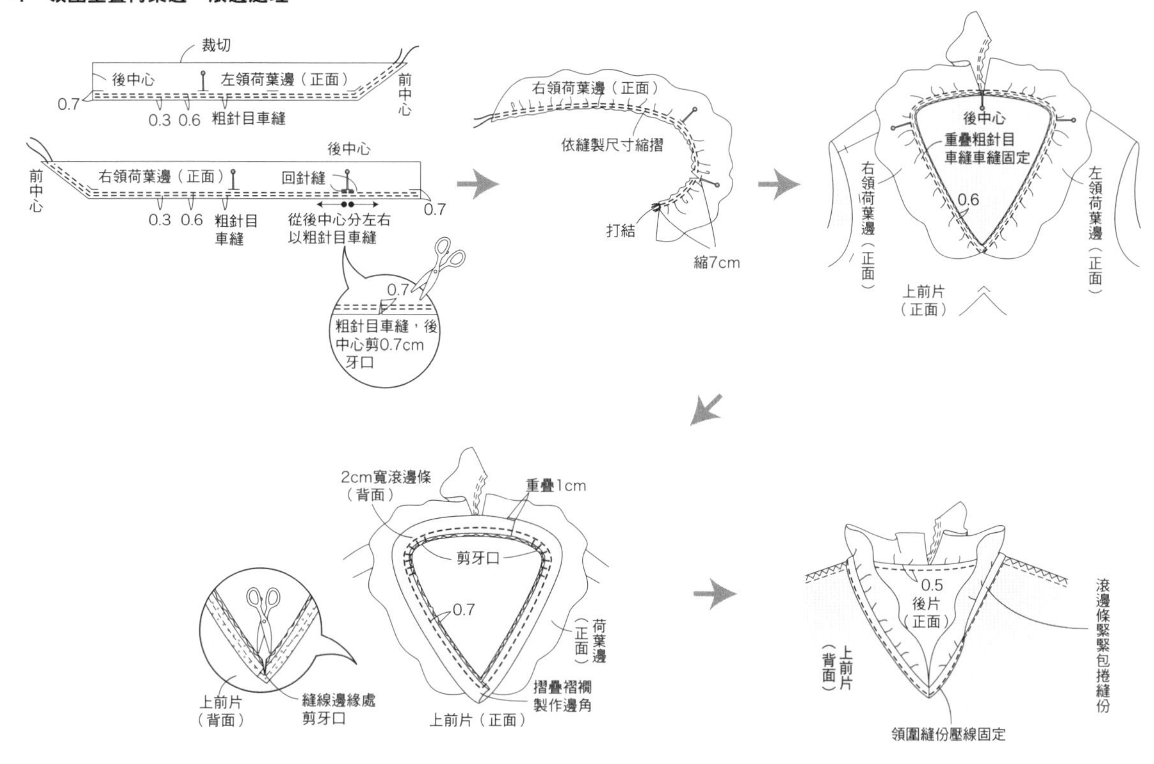

5　袖襬重疊荷葉邊，滾邊處理

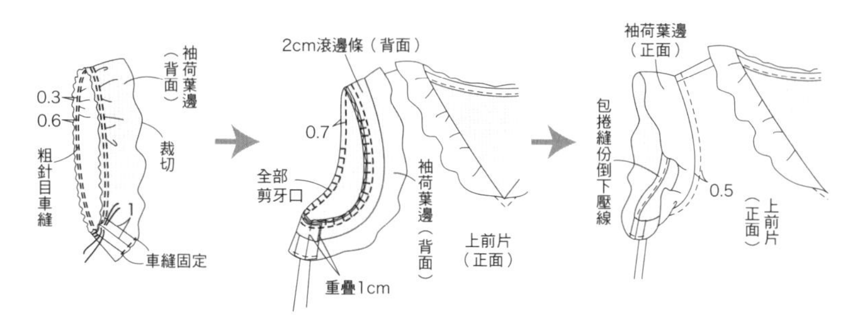

6　車縫下身片脇邊

（兩片一起進行Z字形車縫，縫份倒向後側）

7　下襬三摺邊車縫

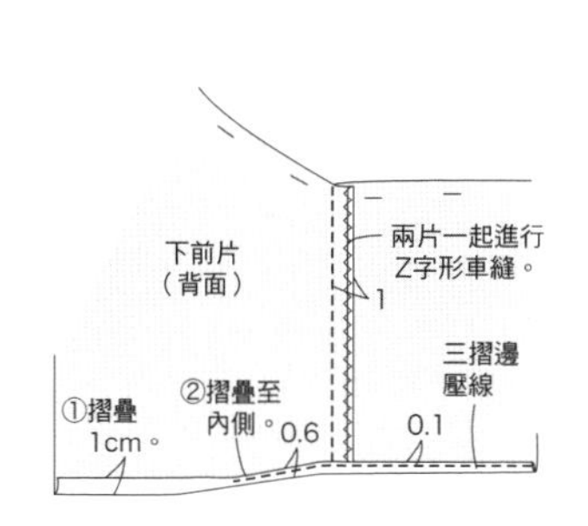

8　接縫上下身片（全部一起進行Z字形車縫，縫份倒向上身側）

壓裝飾線

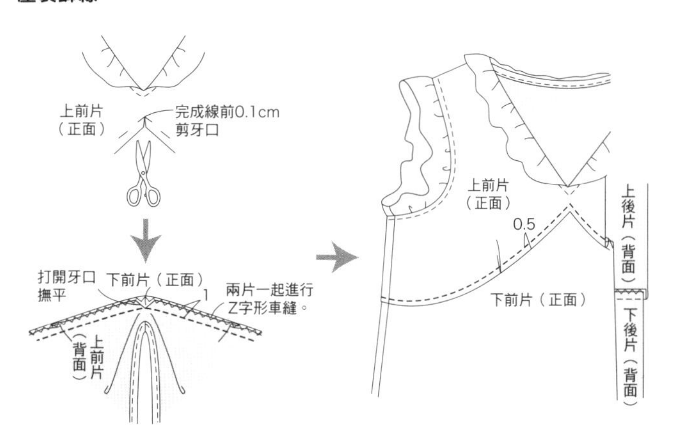

12 流蘇圖案可愛上衣
page 20

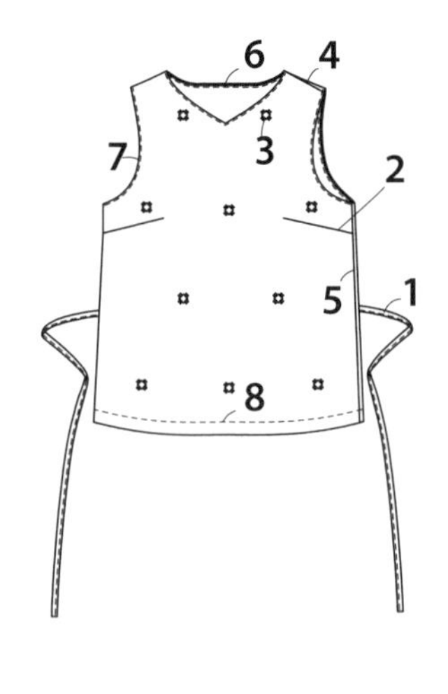

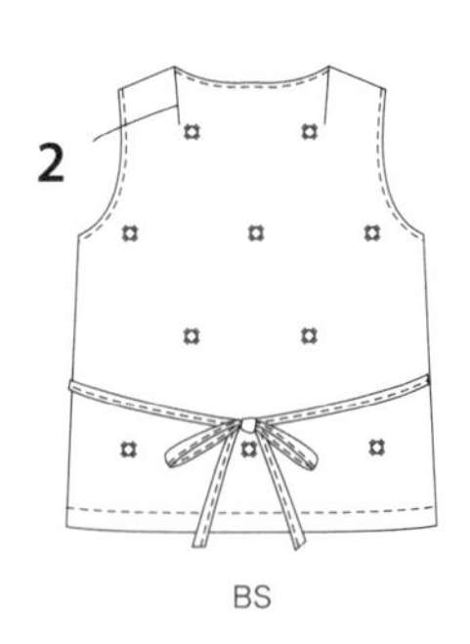

BS

●紙型（D面）※綁繩在A面。
後片　後貼邊　前片　前貼邊　綁繩

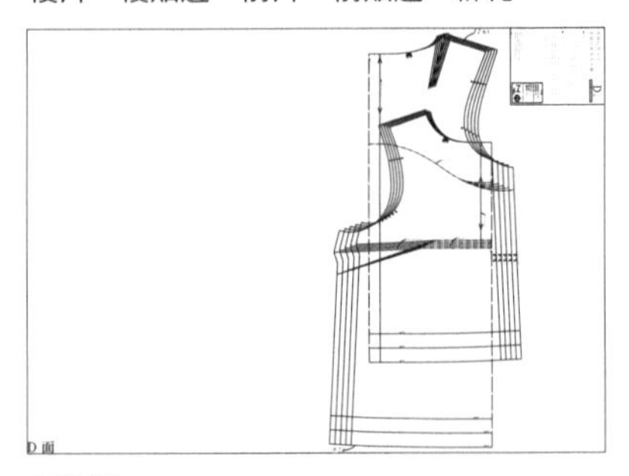

●材料
表布（亞麻水洗布）…寬90cm
（S・M）190cm・（ML至LL）210cm
止伸襯布條（領圍・袖襱）…寬1.2cm（S・M）200cm・（ML至LL）210cm

●準備
領圍、袖襱貼上止伸襯布條。身片下襬、貼邊邊端進行Z字形車縫。

●製作方法
1　製作綁繩。
2　車縫胸前尖褶（縫份倒向上側），車縫肩尖褶（縫份倒向中心側）。
3　接縫流蘇布，製作流蘇。
4　車縫身片・貼邊肩線（燙開縫份）。貼邊邊端二摺邊車縫。
　車縫貼邊脇邊（燙開縫份）。
5　身片脇邊疏縫固定綁繩，車縫身片脇邊（燙開縫份）。
6　身片和貼邊正面相對疊合，領圍回針縫壓線。
7　身片和貼邊正面相對疊合，袖襱回針縫壓線。貼邊邊端固定至身片脇邊縫份。
8　下襬二摺邊車縫。

完成尺寸　（單位cm）

尺寸	S	M	ML	L	LL
胸圍	92	96	100	104	108
腰圍	95	99	103	107	111
衣長A			49.5		
衣長B			52		
衣長C			54.5		

裁布圖（表布）

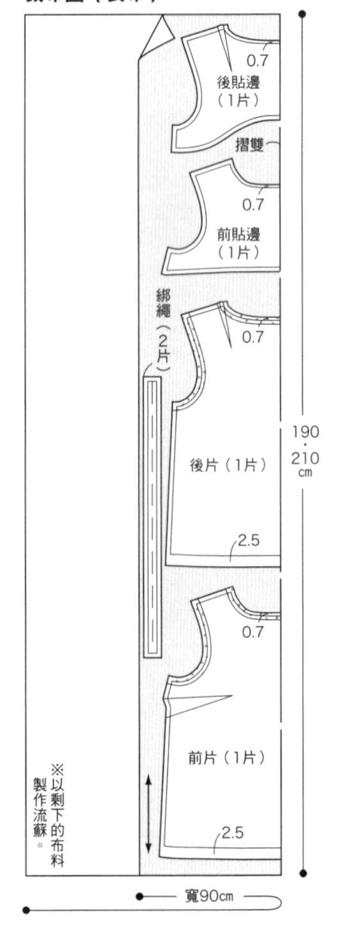

※除指定處之外，縫份皆為1cm。
※在▒貼上止伸襯布條・黏著襯。

1　製作綁繩

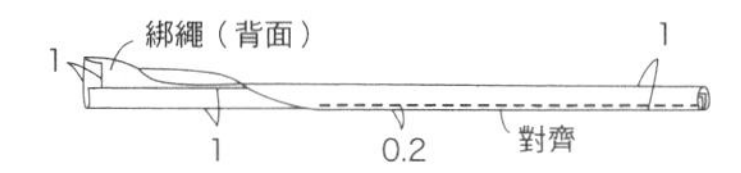

2　車縫胸前尖褶（縫份倒向上側）
車縫肩尖褶（縫份倒向中心側）

3　接縫流蘇布，製作流蘇

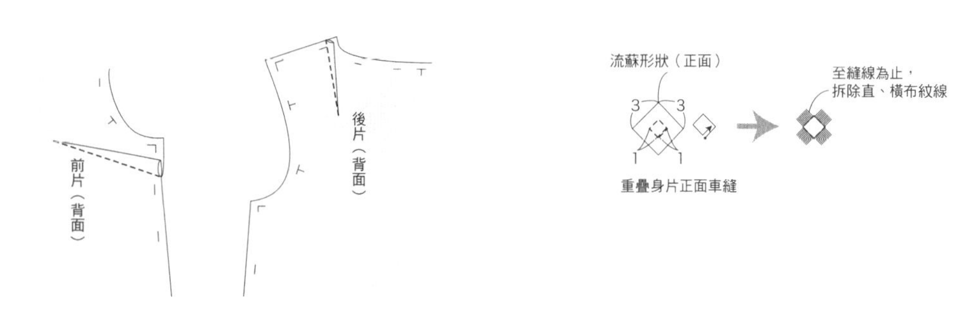

5　身片脇邊疏縫固定綁繩，車縫身片脇邊（兩片一起進行Z字形車縫，縫份倒向前側）

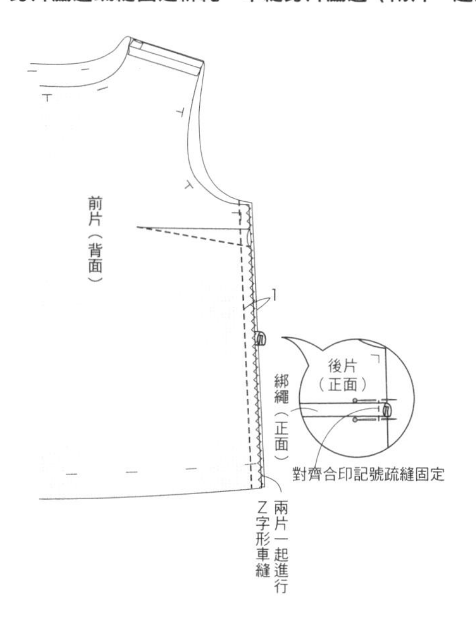

13 短袖和風式連身裙

page 22

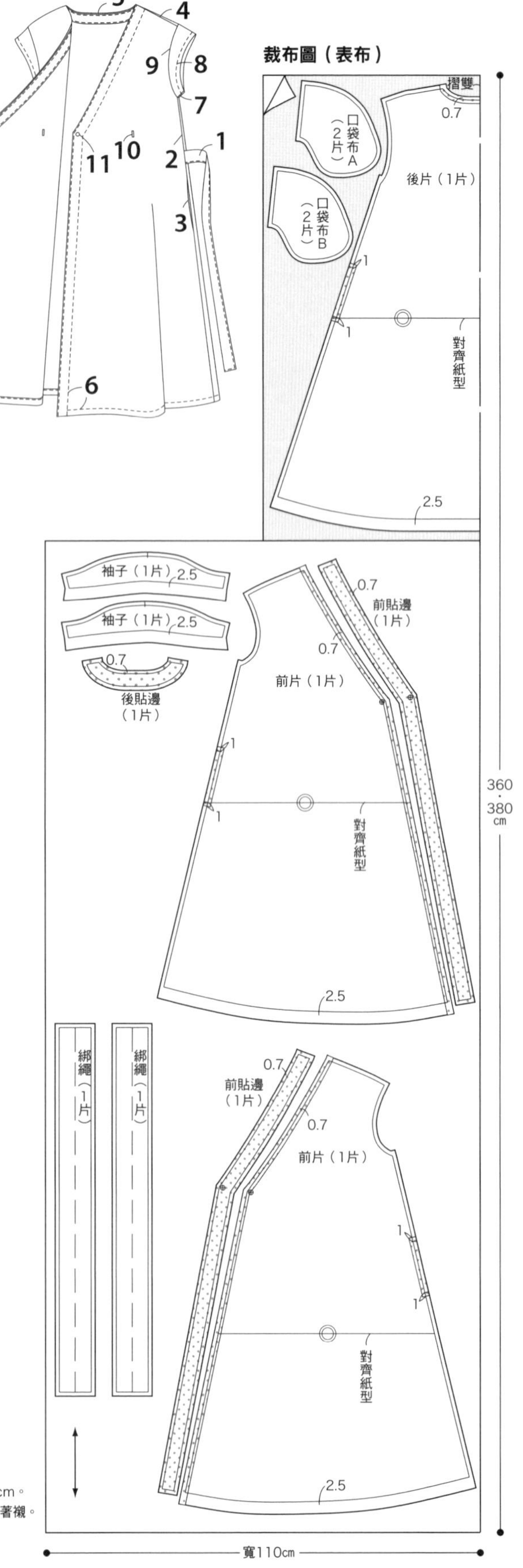

BS

※除指定處之外，縫份皆為1cm。
※在▒▒貼上止伸襯布條・黏著襯。

●紙型（C面）

後身片　後貼邊　前片　前貼邊　袖子
口袋布A・B　綁繩

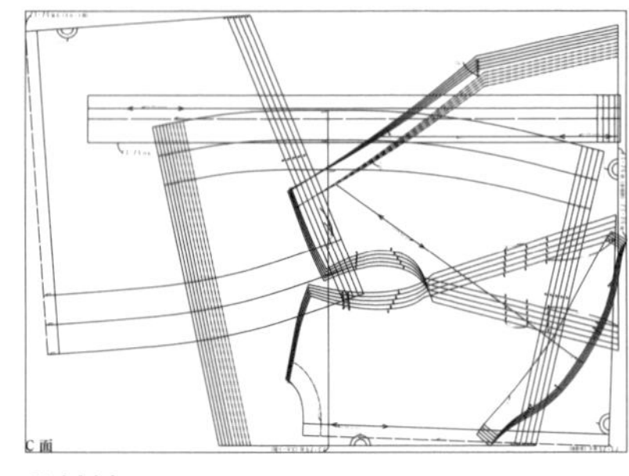

●材料

表布（麻Opal布）…寬110cm
（S・M）360cm・（ML至LL）380cm
黏著襯（貼邊）＝寬90cm長120cm
止伸襯布條（領圍・前端・口袋口）
…寬1.2cm（S・M）320cm・（ML至LL）
340cm
包釦＝直徑1.2cm 2個

●準備

身片的領圍、前端、口袋口貼上止伸襯布條。後貼邊、前貼邊貼上黏著襯。

●製作方法

1 製作綁繩，疏縫固定至身片脇邊。（→P.35 **1**）
2 預留口袋口車縫身片脇邊。（→P.43 **1**）
3 製作口袋，脇邊和口袋布兩片一起進行Z字形車縫。（→P.43 **2**）
4 車縫身片肩線（兩片一起進行Z字形車縫，縫份倒向後側），車縫貼邊肩線（燙開縫份），摺疊邊端。
5 身片和貼邊正面相對疊合領圍・前端回針縫。
6 下襬和貼邊端三摺邊車縫。
7 袖口熨燙摺疊，攤開縫線車縫袖下（兩片一起進行Z字形車縫，縫份倒向前側）。
8 袖口三摺邊車縫。
9 接縫袖子（兩片一起進行Z字形車縫，縫份倒向袖側）。（→P.59 **9**）
10 製作繩環・接縫。
11 裝上釦子。

完成尺寸　（單位cm）

尺寸	S	M	ML	L	LL
胸圍	96	100	104	108	112
腰圍	116	120	124	128	132
臀圍	135	139	143	147	151
袖長	5.7	6	6.3	6.6	6.9
衣長A			98.5		
衣長B			103.5		
衣長C			108.5		

4　車縫身片肩線
（兩片一起進行Z字形車縫，縫份倒向後側）
車縫貼邊肩線（燙開縫份）
摺疊邊端

5　身片和貼邊正面相對疊合領圍
前端回針縫

前貼邊（背面）
後貼邊（背面）
0.7
1
粗針目車縫
0.2
1
抽拉縫線，熨燙整理

6　下襬和貼邊端三摺邊車縫

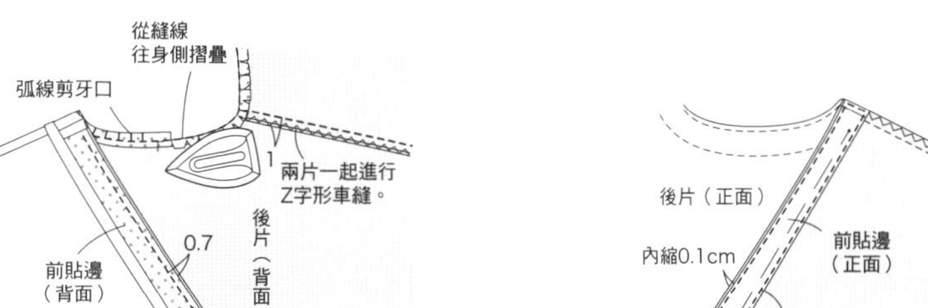

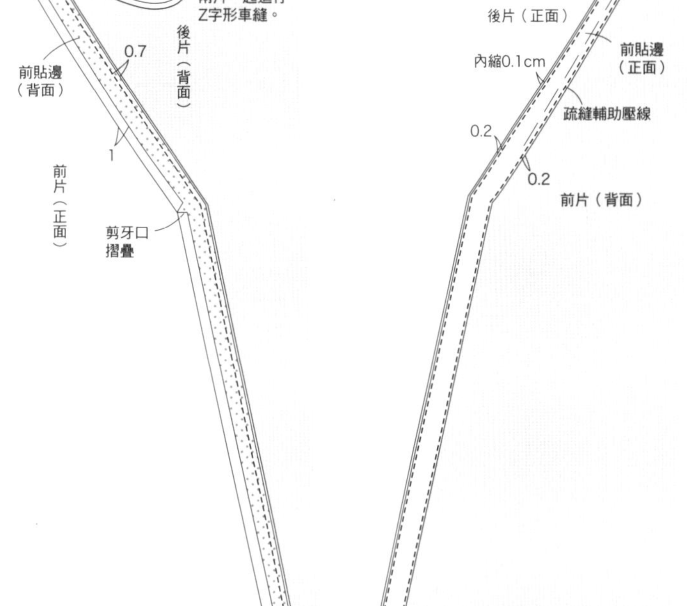

7　袖口熨燙摺疊，攤開縫線車縫袖下（兩片一起進行Z字形車縫，縫份倒向前側）

8　袖口三摺邊車縫

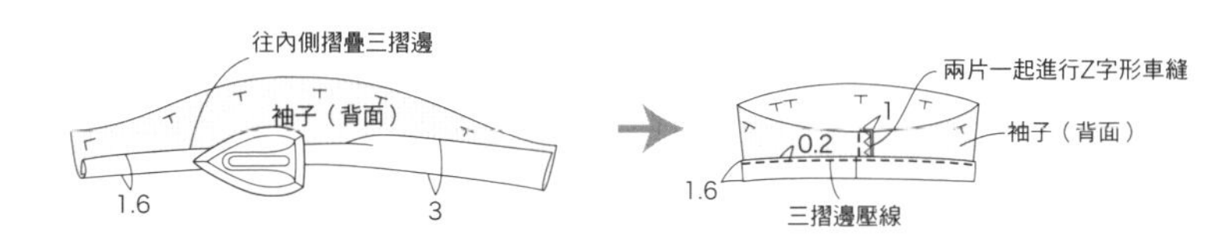

10　製作繩環・接縫

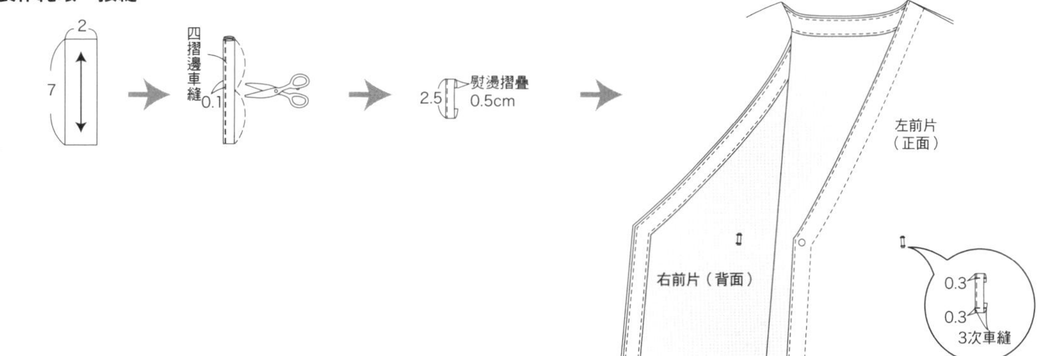

14 長袖和風式連身裙
page 24

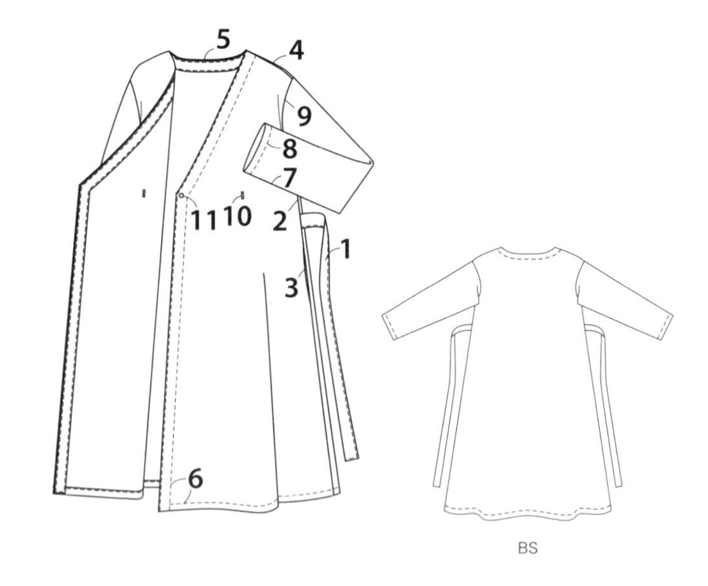

●紙型（C面）※口袋布在B面。
後身片　後貼邊　前片　前貼邊　袖子
口袋布A・B　綁繩

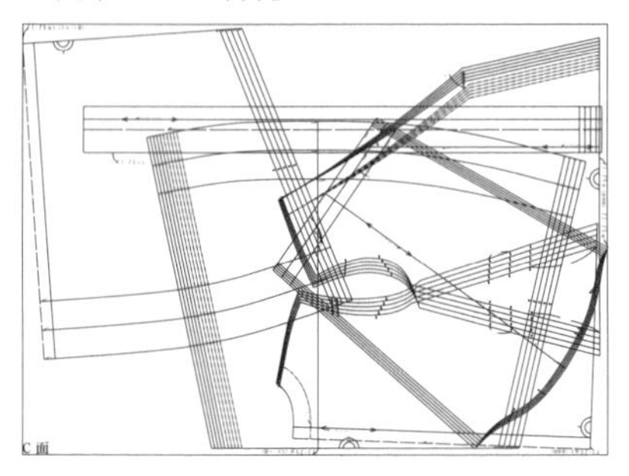

●材料
表布（棉布）…寬112cm
（S・M）410cm・（ML至LL）440cm
止伸襯布條（領圍・前端・口袋口）…寬1.2cm（S・M）320cm・（ML至LL）340cm

●準備
身片的領圍・前端・口袋口貼上止伸襯布條。

●製作方法

1 製作綁繩，疏縫固定至身片脇邊。（→P.35 **1**）
2 預留口袋口，車縫身片脇邊（縫份倒向前側）。（→P.43 **1**）
3 製作口袋。脇邊和口袋布一起進行Z字形車縫。（→P.43 **2**）
4 車縫身片肩線（兩片一起進行Z字形車縫，縫份倒向後側），車縫貼邊肩線（燙開縫份），摺疊邊端。（→P.53 **4**）
5 身片和貼邊正面相對，疊合領圍，前端回針縫。（→P.53 **5**）
6 下襬和貼邊端三摺邊車縫。（→P.53 **6**）
7 袖口熨燙摺疊，攤開縫線車縫袖下（兩片一起進行Z字形車縫，縫份倒向前側）。
8 袖口三摺邊車縫。
9 接縫袖子（兩片一起進行Z字形車縫，縫份倒向袖側）。
10 製作繩環・接縫。（→P.53 **10**）
11 裝上釦子。

完成尺寸　（單位cm）

尺寸	S	M	ML	L	LL
胸圍	96	100	104	108	112
腰圍	116	120	124	128	132
臀圍	135	139	143	147	151
袖長A			48.5		
袖長B			50.5		
袖長C			52.5		
衣長A			98.5		
衣長B			103.5		
衣長C			108.5		

裁布圖（表布）

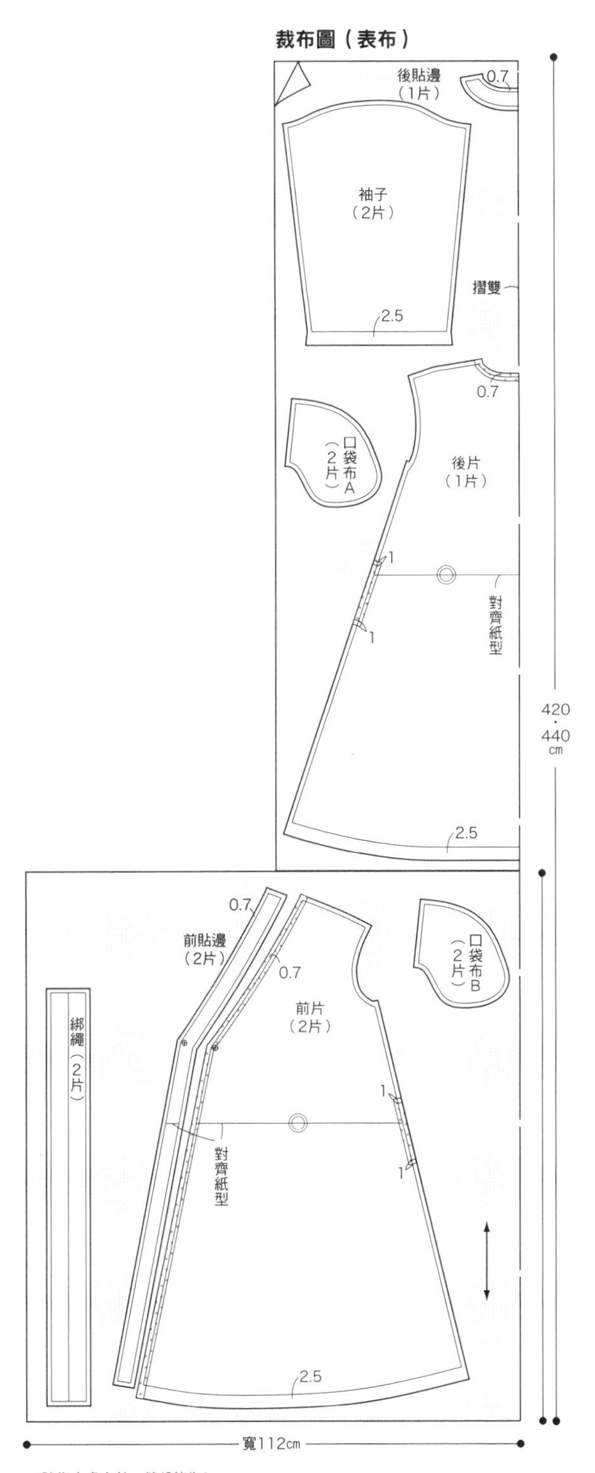

※除指定處之外，縫份皆為1cm。
※在▒▒貼上止伸襯布條・黏著襯。

7　袖口熨燙摺疊，攤開縫線車縫袖下
（兩片一起進行Z字形車縫，縫份倒向前側）

8　袖口三摺邊車縫

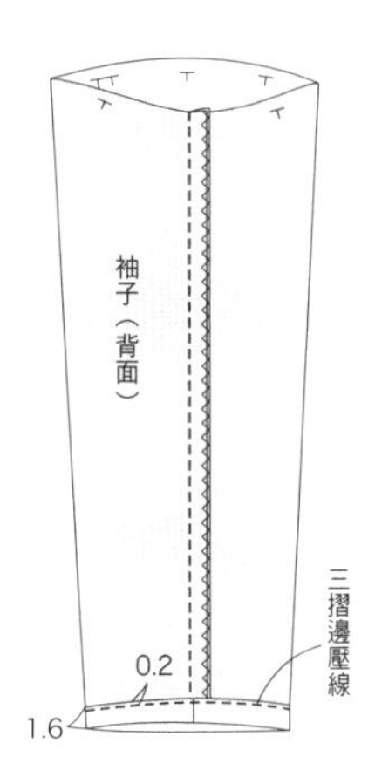

9　接縫袖子（兩片一起進行Z字形車縫，縫份倒向袖側）
※無需縮縫

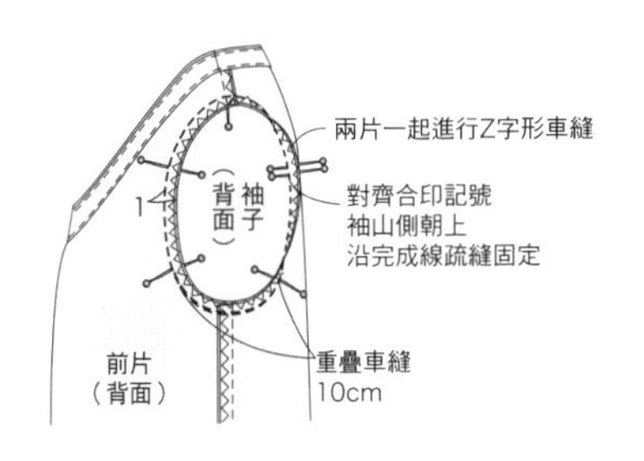

15 復古風襯衫式上衣

page 26

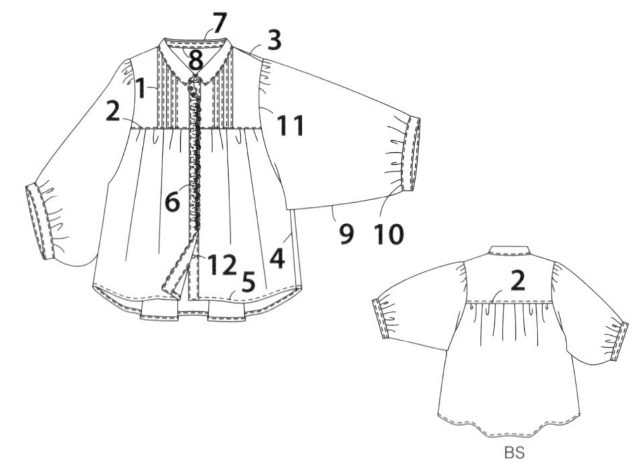

●紙型（C面）※袖口布在A面。

上後身片　上前身片　下後身片　袖子

下前身片　領台　上領　前襟　袖口布

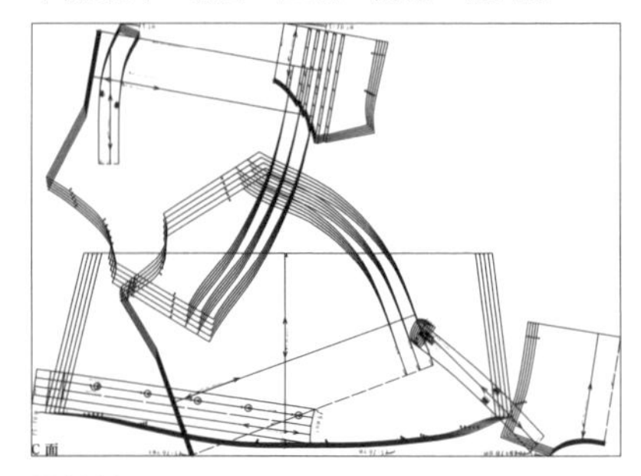

●材料

表布（亞麻布）…寬108cm

（S・M）240cm・（ML至LL）260cm

黏著襯（前襟・領台・上領・袖口布）＝90×60cm

棉質蕾絲…寬3.8cm長80cm

釦子＝直徑1.3cm 6個

●準備

前襟・領台・上領・袖口布貼上黏著襯。

●製作方法

1 車縫細褶。

2 前後下身片抽拉細褶，接縫上身片（兩片一起進行Z字形車縫，縫份倒向上身側）。

3 車縫肩線（兩片一起進行Z字形車縫，縫份倒向後側）。

4 車縫脇邊（兩片一起進行Z字形車縫，縫份倒向前側）。

5 下襬三摺邊車縫。

6 右前片疏縫固定蕾絲，接縫前襟。

7 製作上領，接縫領台。

8 接縫領子。

9 袖山、袖口粗針目車縫，車縫袖下（兩片一起進行Z字形車縫，縫份倒向前側）。（→P.38 **6**）

10 製作袖口布，接縫袖口。（→P.38 **7**）

11 接縫袖子（兩片一起進行Z字形車縫，縫份倒向袖側）。（→P.38 **8**）

12 製作釦眼，裝上釦子。（→P.63 **13**）

完成尺寸　　（單位cm）

尺寸	S	M	ML	L	LL
胸圍	150	154	158	162	166
腰圍	171	174.5	178	184.7	185
臀圍	35.2	35.5	35.8	36.1	36.4
衣長A			59		
衣長B			61.5		
衣長C			64		

裁布圖（表布）

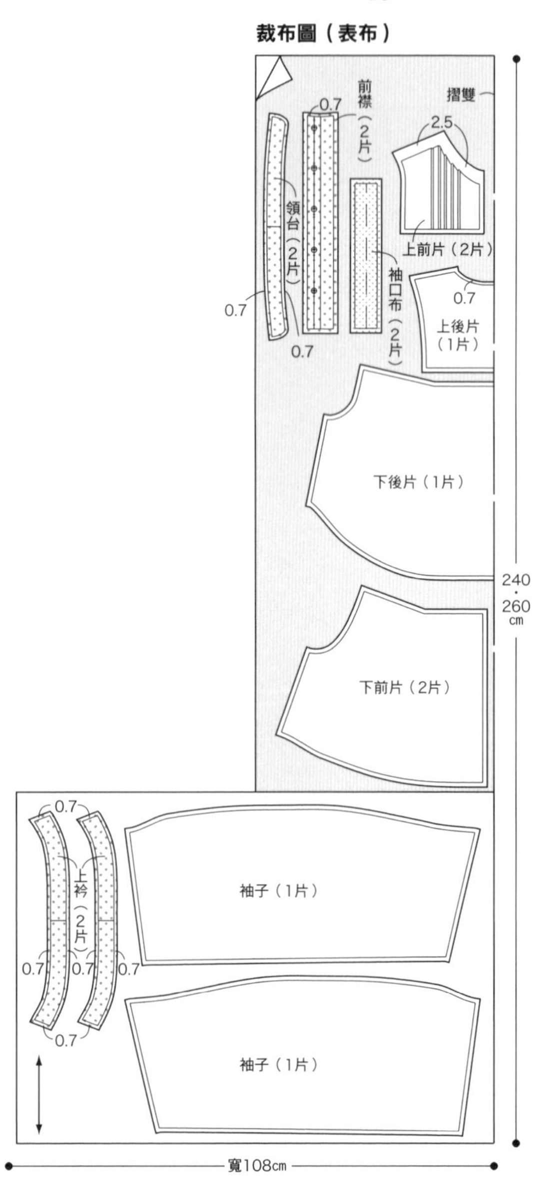

※除指定處之外，縫份皆為1cm。

※在▒▒貼上止伸襯布條・黏著襯。

1　車縫細褶

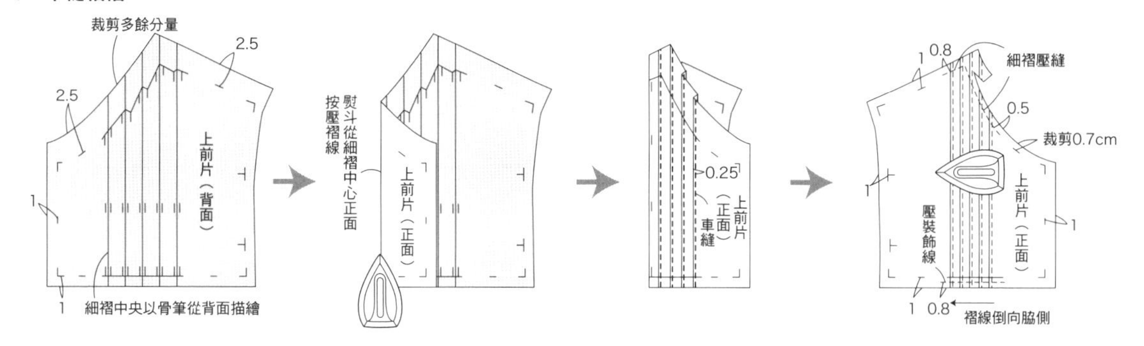

2　前後下身片抽拉細褶，接縫上身片
（兩片一起進行Z字形車縫，縫份倒向上身側）。**壓裝飾線**

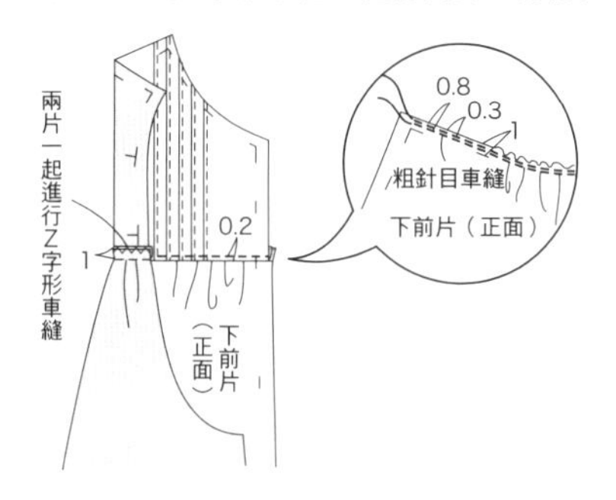

4　車縫脇邊（兩片一起進行Z字形車縫，縫份倒向前側）
5　下襬三摺邊車縫

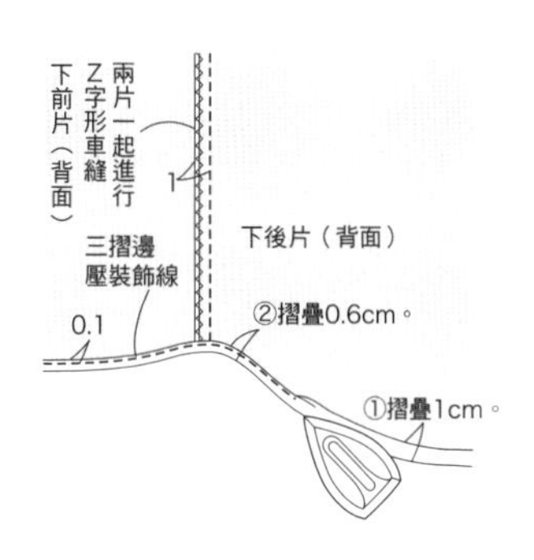

6　右前疏縫固定蕾絲，接縫前襟

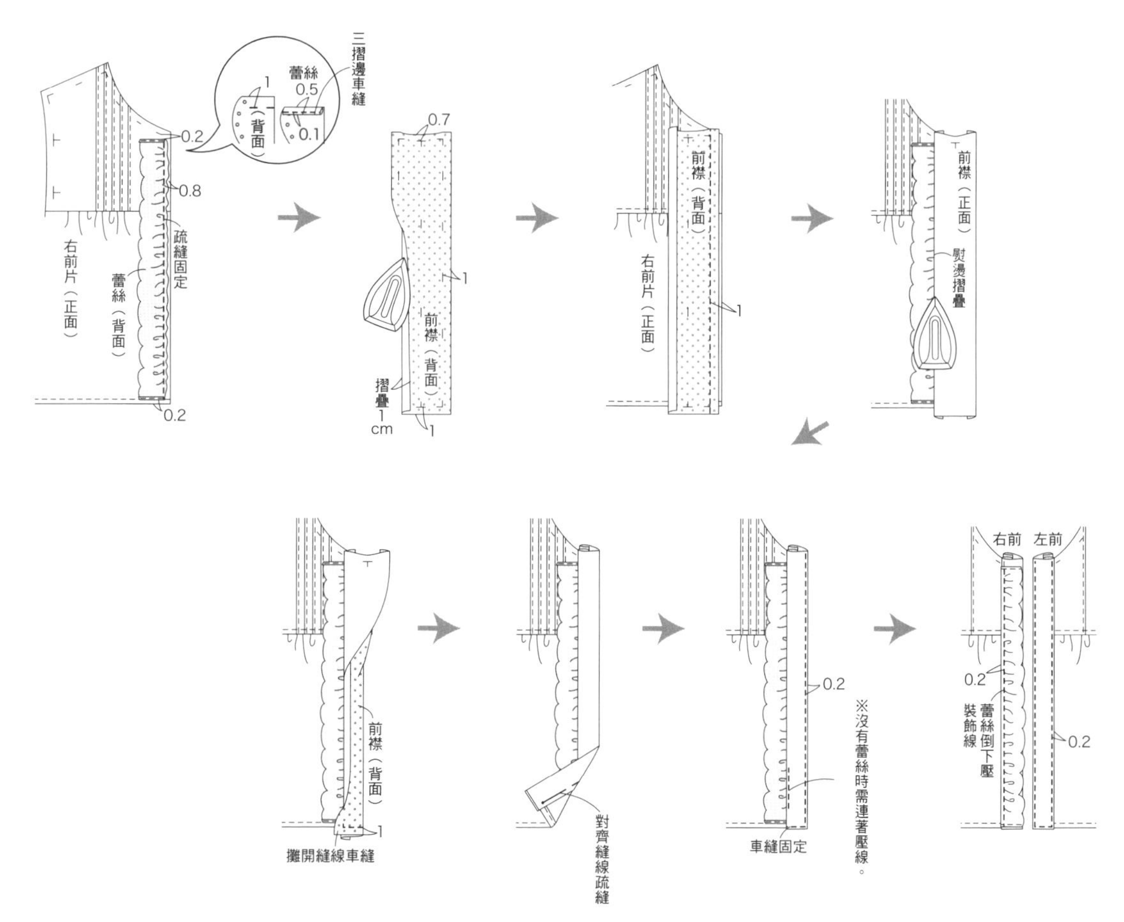

7 **製作上領，接縫領台**

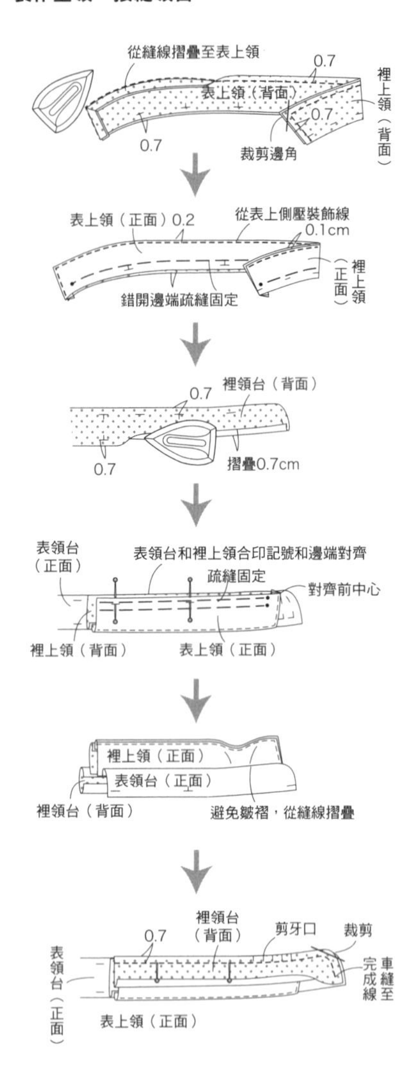

8 **接縫領子**

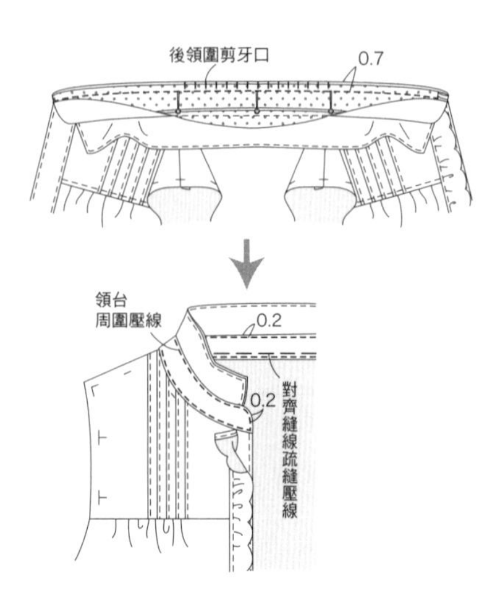

16 復古風襯衫式連身裙

page 27

●紙型（C面）

※袖口布在A面・口袋布在B面。

上後身片　上前身片　下後身片　袖子

下前身片　領台　上領　前襟　袖口布

口袋布A・B

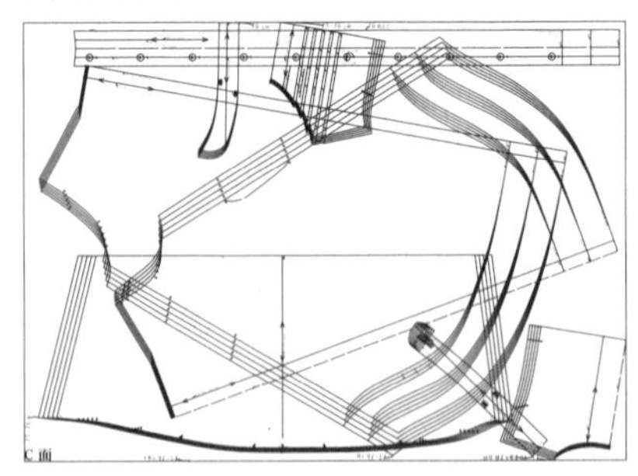

●材料

表布（亞麻布）…寬120cm

（S・M）300cm・（ML至LL）320cm

黏著襯（前襟・領台・上領・袖口布）…寬90cm（S・M）100cm・（ML至LL）110cm

棉質蕾絲寬…2.4cm長120cm

止伸襯布條（口袋口）＝寬1.2cm長40cm

釦子＝直徑1.3cm 11個

●準備

前襟・領台・上領・袖口布貼上黏著襯。身片口袋口貼上止伸襯布條。

●製作方法

1 上身車縫細褶（→P.61 **1**），剪接側疏縫蕾絲固定。

2 前後下身片抽拉細褶，接縫上身片（兩片一起進行Z字形車縫，縫份倒向上身側）。（→P.61 **2**）

3 車縫肩線（兩片一起進行Z字形車縫，縫份倒向後側）。

4 預留口袋口，車縫脇邊（縫份倒向前側）。（→P.43 **1**）

5 製作口袋，脇邊和口袋布連著車縫。（→P.43 **2**）

6 下襬三摺邊車縫。（→P.61 **5**）

7 接縫前襟。（→P.61 **6**）

8 製作上領，接縫領台。

9 接縫領子。（→P.62 **8**）

10 袖山・袖口粗針目車縫，車縫袖下（兩片一起進行Z字形車縫，縫份倒向前側）。（→P.38 **6**）

11 製作袖口布，接縫袖口。（→P.38 **7**）

12 接縫袖子（兩片一起進行Z字形車縫，縫份倒向袖側）。（→P.38 **8**）

13 製作釦眼，裝上釦子。

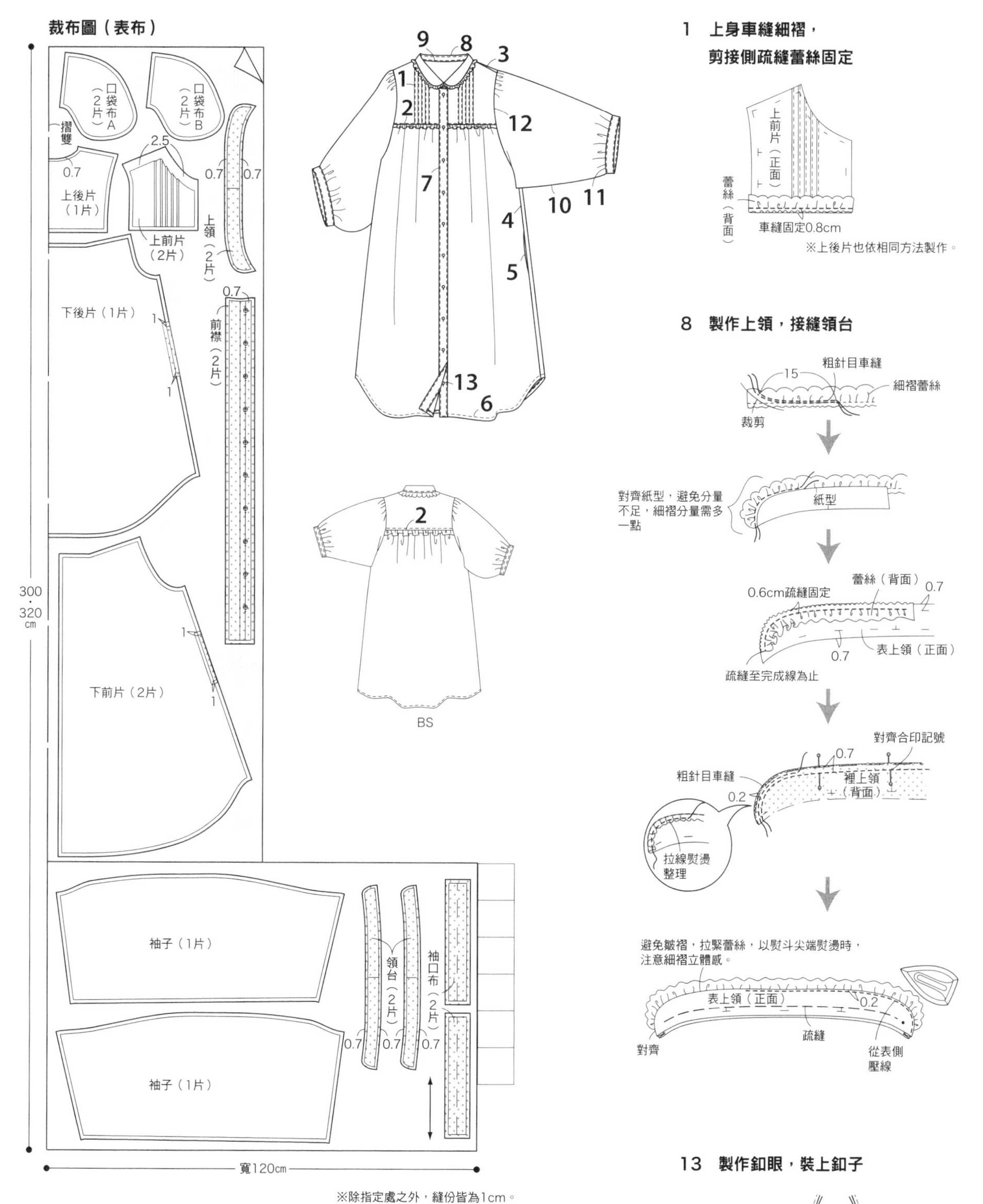

完成尺寸　（單位cm）

尺寸	S	M	ML	L	LL
胸圍	123	127	131	135	139
腰圍	137	141	145	149	153
臀圍	151	155	159	163	167
袖長	35.2	35.5	35.8	36.1	36.4
衣長A			91		
衣長B			96		
衣長C			101		

17 肩飾蕾絲細褶上衣

page 28

●紙型（D面）

後片　前片　後貼邊　前貼邊
領圍荷葉邊　肩布　袖襱蕾絲

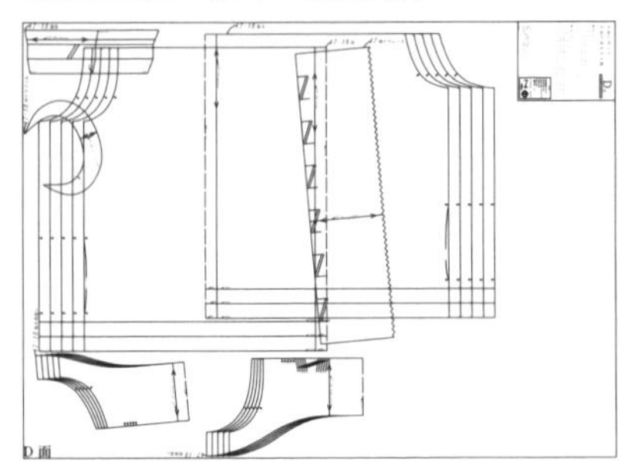

●材料

表布（棉混亞麻布）…寬108cm
（S・M）160cm・（ML至LL）170cm
蕾絲…寬20cm長120cm
止伸襯布條（貼邊袖襱・貼邊領圍）
…寬1.2cm長180cm

●準備

貼邊袖襱、領圍貼上止伸襯布條。身片下襬、邊端貼邊進行Z字形車縫。

●製作方法

1　製作荷葉邊，蕾絲摺疊褶襉。
2　荷葉邊和蕾絲疏縫固定至表肩布。和裡布正面相對疊合車縫。縫製位置摺疊褶襉，拉起中間車縫。
3　車縫脇邊（兩片一起進行Z字形車縫，縫份倒向前側）。
4　下襬二摺邊車縫。
5　貼邊邊端二摺邊車縫，車縫貼邊脇邊（燙開縫份）。貼邊疏縫固定至肩布，和抽細褶身布正面相對疊合，車縫袖襱，領圍壓線。貼邊邊端固定至身片脇邊縫份。

完成尺寸　（單位cm）

尺寸	S	M	ML	L	LL
胸圍	171	179	187	195	203
衣長A			43.8		
衣長B			46.3		
衣長C			48.8		

1
2
3
4
5

BS

裁布圖（表布）

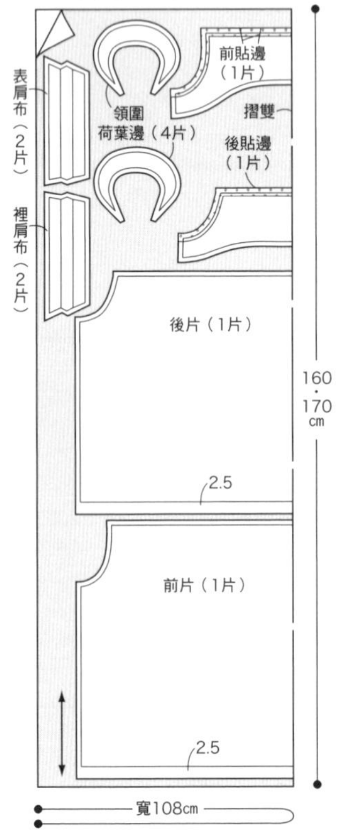

裁布圖（蕾絲）

袖襱荷葉邊（2片）
60cm
寬20cm

※除指定處之外，縫份皆為1cm。
※在▒▒貼上止伸襯布條。

1　製作荷葉邊，蕾絲摺疊褶襇

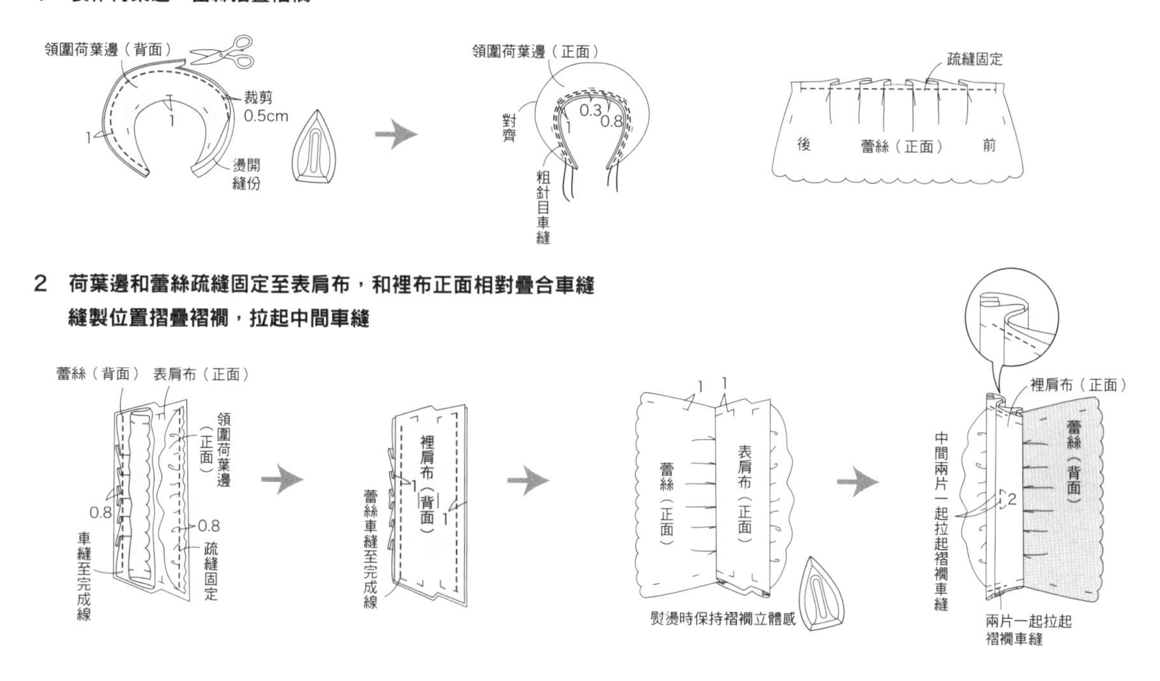

2　荷葉邊和蕾絲疏縫固定至表肩布，和裡布正面相對疊合車縫

縫製位置摺疊褶襇，拉起中間車縫

5　貼邊邊端二摺邊車縫。車縫貼邊脇邊，貼邊疏縫固定至肩布

和抽細褶身布正面相對疊合車縫袖襱，領圍壓線。貼邊邊端固定至身片脇邊縫份

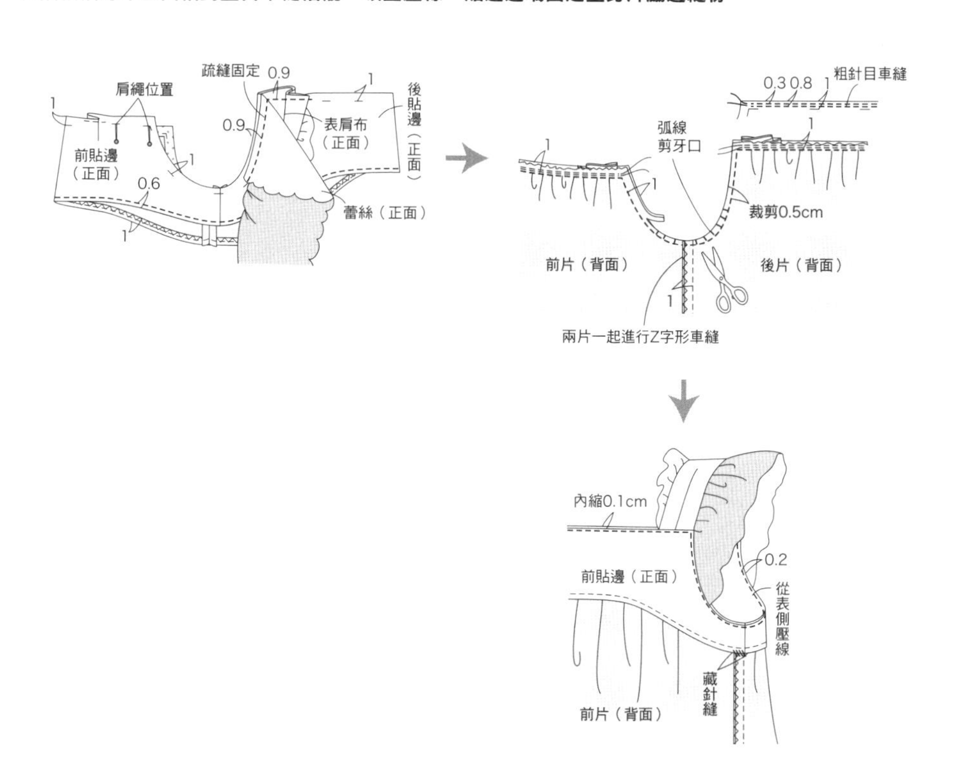

18 荷葉肩飾設計雙重紗布連身裙

page 29

●**紙型**（D面）※口袋布在B面。
後片　前片　後貼邊　前貼邊
肩布　領圍荷葉邊　袖襱蕾絲
口袋布A・B

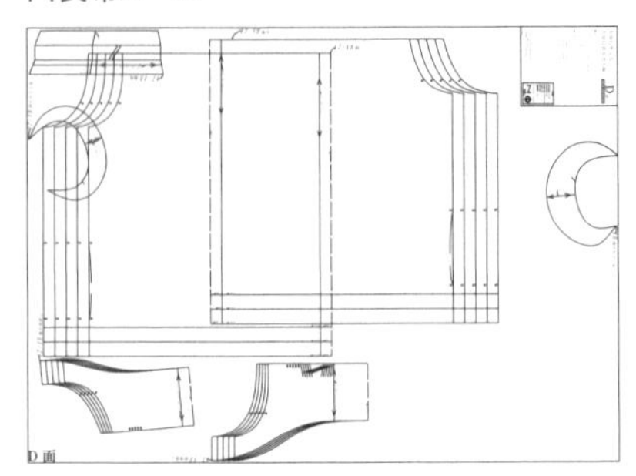

●**材料**
表布（雙層紗棉布）…寬108cm
（S・M）330cm・（ML至LL）350cm
止伸襯布條（貼邊袖襱・貼邊領圍・口袋口）…寬1.2cm長220cm

●**準備**
貼邊袖襱・領圍・身片口袋貼上止伸襯布條。身片下襬・邊端貼邊進行Z字形車縫。

●**製作方法**
1　製作荷葉邊。
2　荷葉邊疏縫固定至表肩布。和裡肩布正面相對疊合車縫。縫製位置摺疊褶襇，拉起中間車縫。
3　預留口袋口車縫身片脇邊（縫份倒向前側）。（→P.43 **1**）
4　製作口袋，脇邊和口袋布進行Z字形車縫。（→P.43 **2**）
5　下襬二摺邊車縫。
6　貼邊邊端二摺邊車縫，車縫貼邊脇邊（燙開縫份）。貼邊疏縫固定至肩布，抽細褶，和身布正面相對疊合，車縫袖襱・領圍壓線。貼邊邊端固定至身片脇邊縫份。

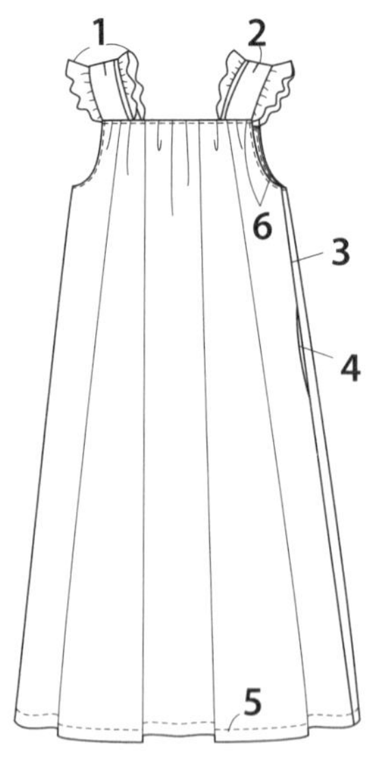

BS

完成尺寸　（單位cm）

尺寸	S	M	ML	L	LL
胸圍	171	179	187	195	203
衣長A			99		
衣長B			104		
衣長C			109		

裁布圖（表布）

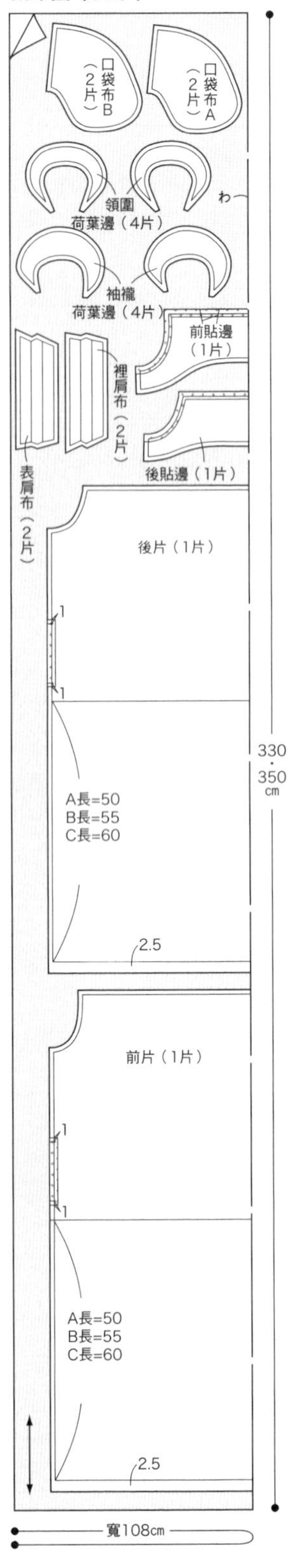

※除指定處之外，縫份皆為1cm。
※在▒▒貼上止伸襯布條。

1　製作荷葉邊

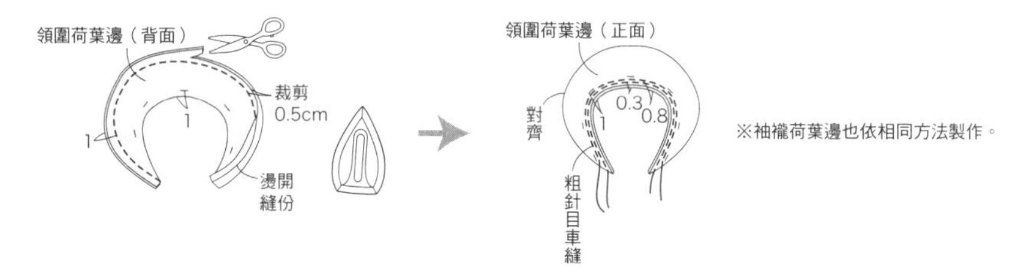

2　表荷葉邊和蕾絲疏縫固定至表肩布，和裡布正面相對疊合車縫
縫製位置摺疊褶襉，拉起中間車縫

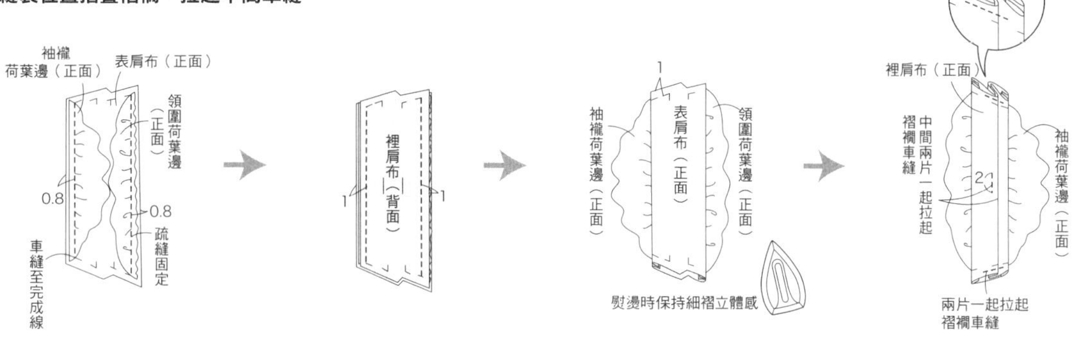

5　下襬二摺邊車縫

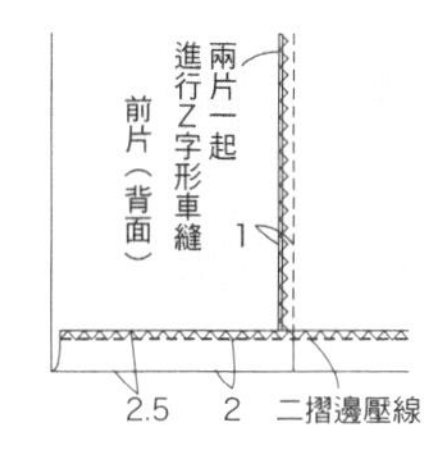

6　貼邊邊端二摺邊車縫，車縫貼邊脇邊。貼邊疏縫固定至肩布，和抽細褶身布正面相對疊合車縫袖襬
領圍壓線。貼邊邊端固定至身片脇邊縫份

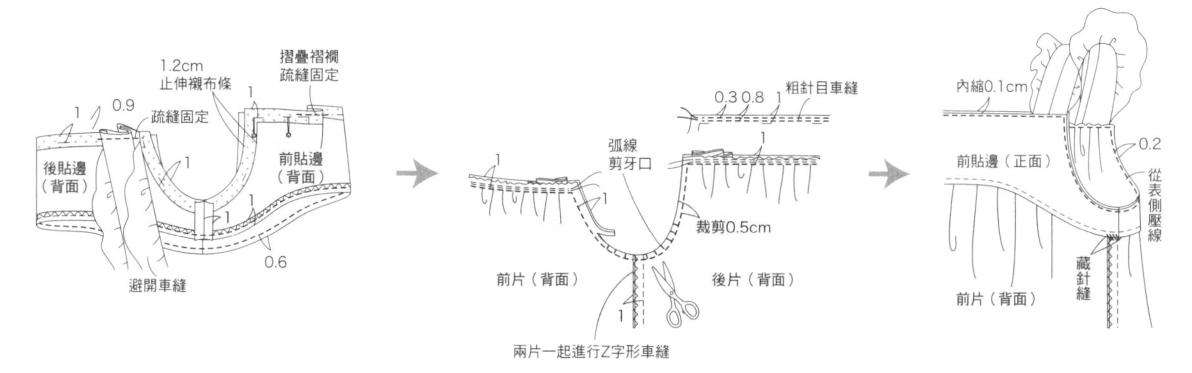

19 印度棉涼感連身裙

page 30

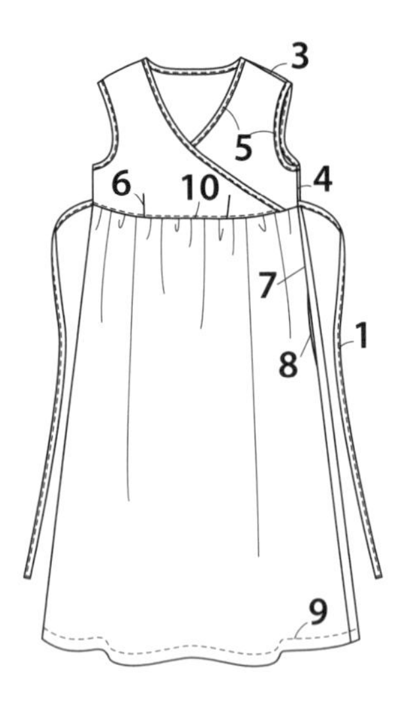

●**紙型**（D面）※口袋布在B面。
上後片　上前片　下後片　下前片
口袋布A・B　綁繩　領圍滾邊條
袖襱滾邊條

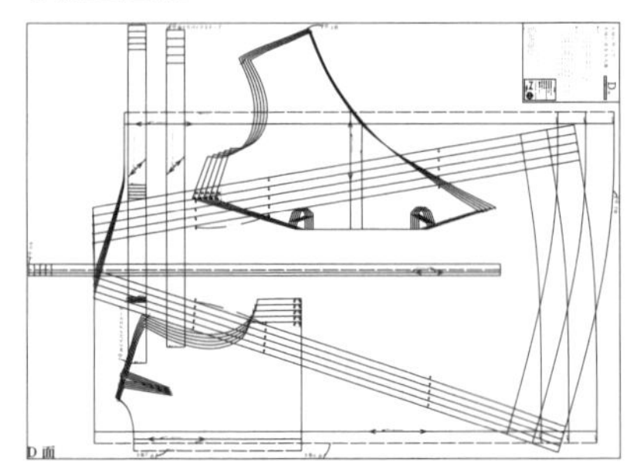

●**材料**
表布（印花棉布）…寬115cm
（S・M）300cm・（ML至LL）320cm
止伸襯布條（領圍・袖襱・口袋口）
…寬1.2cm長290cm

●**準備**
領圍・袖襱・下身片口袋口貼上止伸襯布條。身片下襬進行Z字形車縫。

●**製作方法**
1 製作綁繩，疏縫固定上身片脇邊。（→P.35 **1**）
2 車縫肩褶（縫份倒向中心側）。
3 車縫肩線（兩片一起進行Z字形車縫。縫份倒向後側）。
4 車縫上身片脇邊（兩片一起進行Z字形車縫，縫份倒向前側）。
5 領圍・袖襱包捲滾邊條。
6 上前身片完成線重疊兩片，一起摺疊褶襉疏縫固定。
7 預留口袋口車縫下身片脇邊（縫份倒向前側）。（→P.43 **1**）
8 製作口袋，脇邊和口袋布進行Z字形車縫。（→P.43 **2**）
9 下襬二摺邊車縫。
10 下身片抽細褶，接縫上下身片（全部一起進行Z字形車縫，縫份倒向上身側）。

裁布圖（表布）

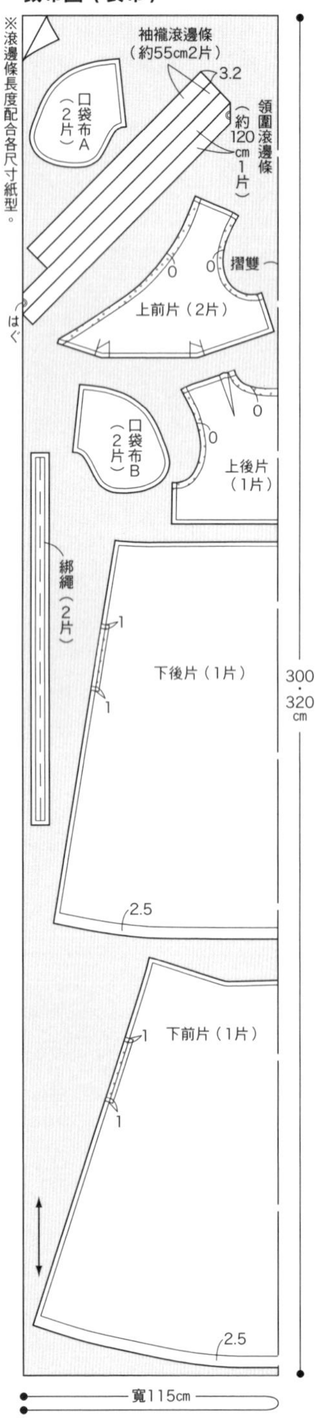

※除指定處之外，縫份皆為1cm。
※在▒貼上止伸襯布條。

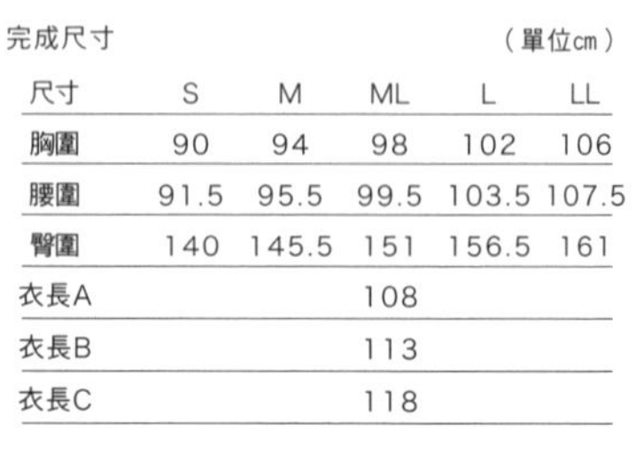

完成尺寸　（單位cm）

尺寸	S	M	ML	L	LL
胸圍	90	94	98	102	106
腰圍	91.5	95.5	99.5	103.5	107.5
臀圍	140	145.5	151	156.5	161
衣長A			108		
衣長B			113		
衣長C			118		

5　領圍・袖襱包捲滾邊條

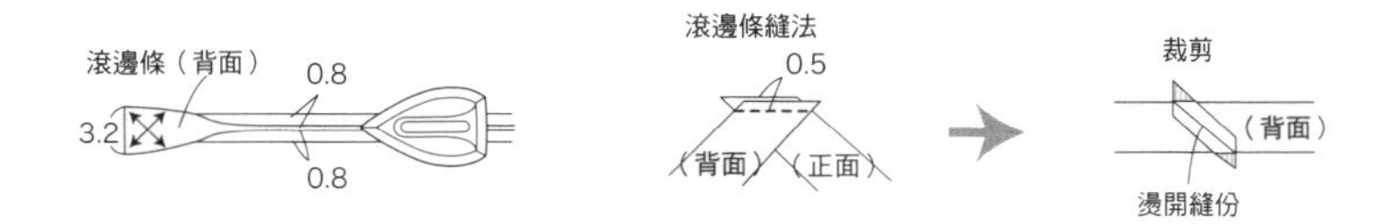

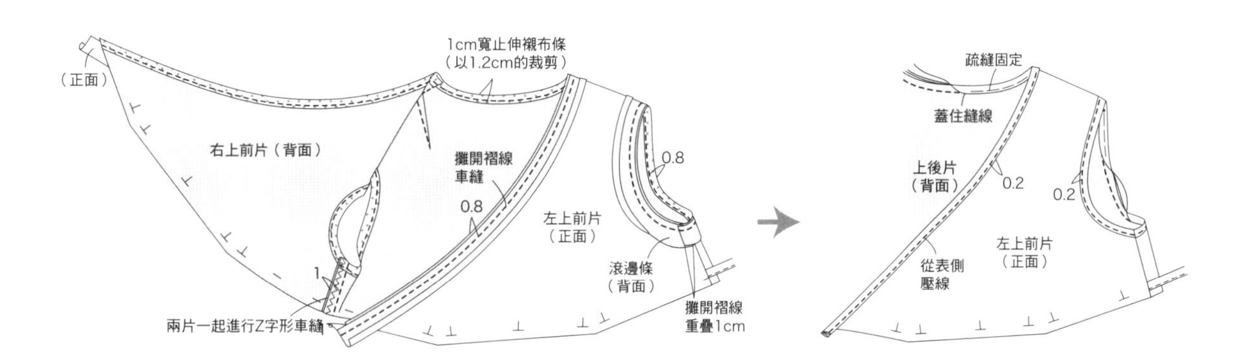

6　上前身片完成線重疊兩片，一起摺疊褶襇疏縫固定

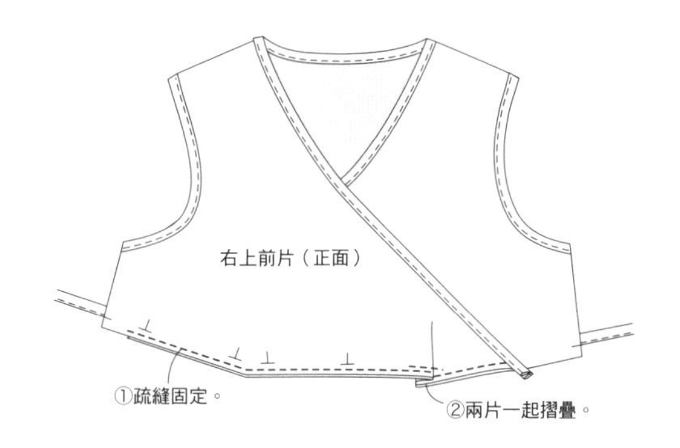

10　下身片抽細褶，接縫上下身片

（全部一起進行Z字形車縫，縫份倒向上身側）

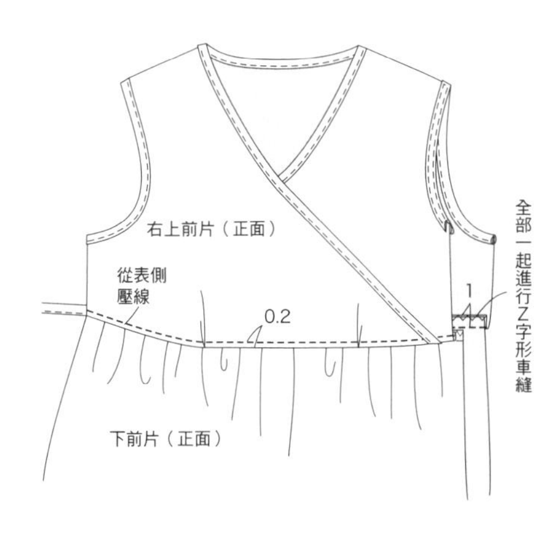

20 蓬蓬袖LIBERTY上衣
page 32

●**紙型**（D面）
後片　上前片　下前片　袖子　綁繩

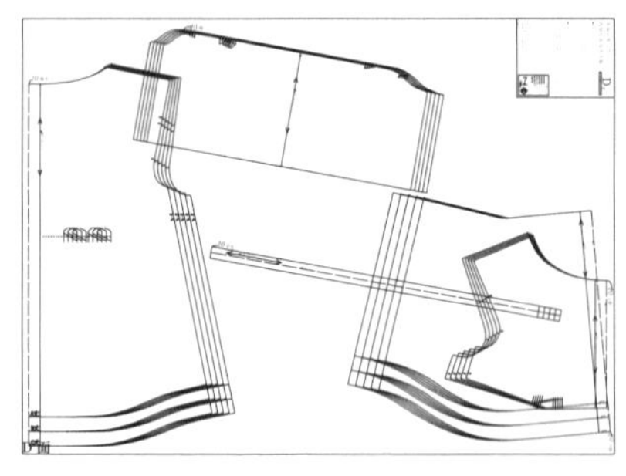

●**材料**
表布（印花布 Tana Lawn）…寬112cm
（S・M）190cm・（ML至LL）220cm
止伸襯布條（領圍）…寬1.2cm長90cm
鬆緊帶＝0.6cm長64cm（32cm×2條）

●**準備**
領圍貼上止伸襯布條。

●**製作方法**
1　前後上身片摺疊褶襉。
2　前下身片抽拉細褶接縫上身片（兩片一起進行Z字形車縫，縫份倒向前側）。
3　車縫肩線（兩片一起進行Z字形車縫，縫份倒向後側）。
4　領圍滾邊處理。
　　車縫貼邊脇邊（燙開縫份）。
5　製作綁繩，固定至脇邊縫份。
6　車縫脇邊（兩片一起進行Z字形車縫，縫份倒向後側）。
7　下襬三摺邊車縫。
8　袖山粗針目車縫，袖口三摺邊。袖口褶線打開車縫袖下（兩片一起進行Z字形車縫，縫份倒向後側）。
9　袖口三摺邊，預留鬆緊袋口車縫。袖口穿過鬆緊帶。
10　接縫袖子（兩片一起進行Z字形車縫，縫份袖山部分倒向身片側）。

裁布圖（表布）

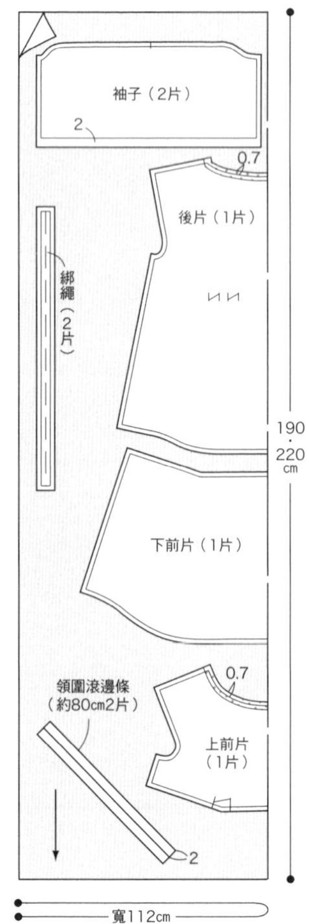

※除指定處之外，縫份皆為1cm。
※在▒貼上止伸襯布條。

完成尺寸　　（單位cm）

尺寸	S	M	ML	L	LL
胸圍	96	100	104	108	112
腰圍	95	99	103	107	111
臀圍	144	149	153.5	158.5	163
袖長			20		
衣長A			57		
衣長B			59.5		
衣長C			62		

1　前後上身片摺疊褶襉

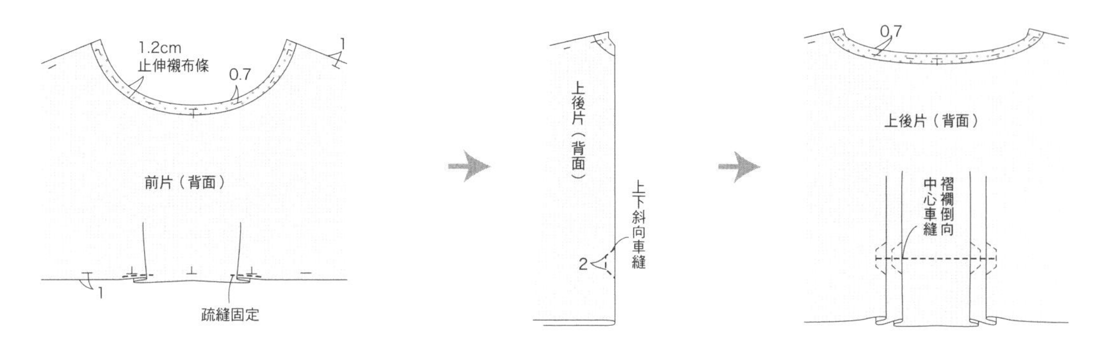

2　前下身片抽拉細褶，接縫上身片（兩片一起進行Z字形車縫，縫份倒向前側）

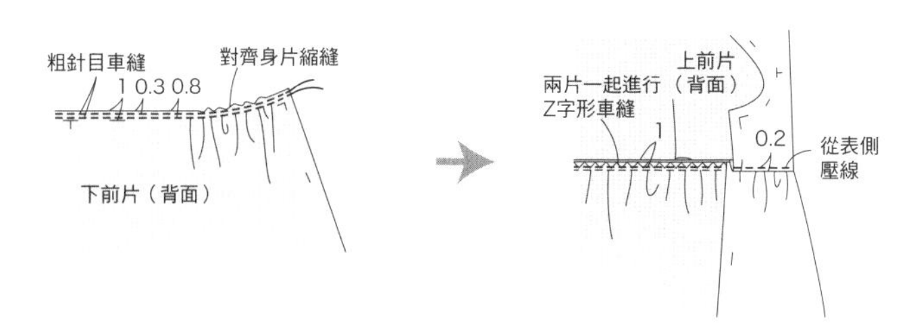

4　領圍滾邊處理

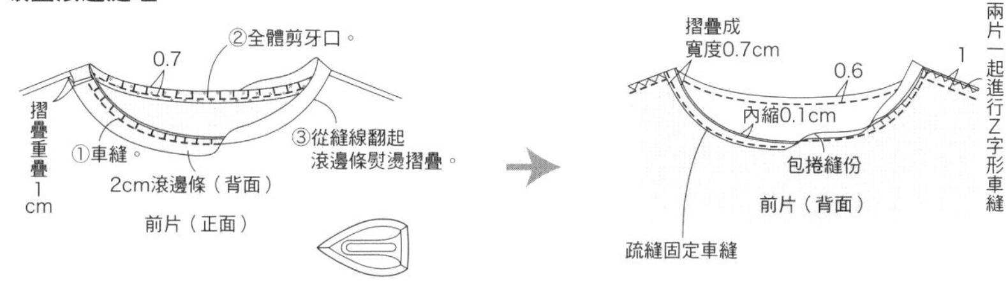

5　製作綁繩，固定至脇邊縫份

7　下襬三摺邊車縫

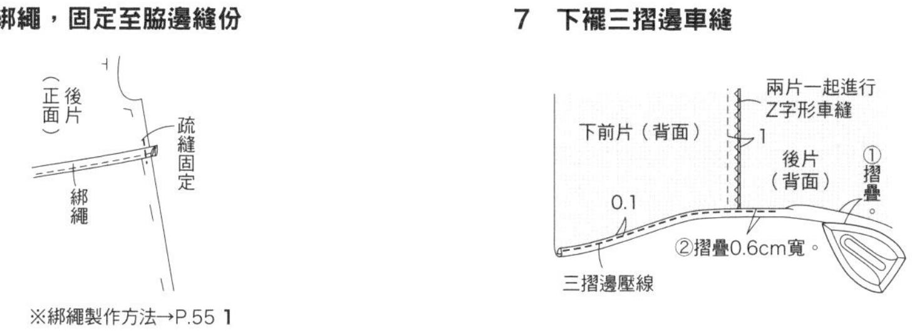

※綁繩製作方法→P.55 **1**

8　袖山粗針目車縫，袖口三摺邊。袖口褶線打開車縫袖下
（兩片一起進行Z字形車縫，縫份倒向後側）

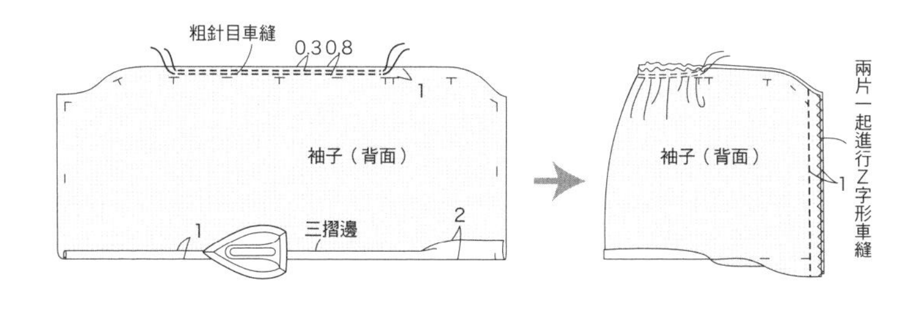

9　袖口三摺邊，預留鬆緊袋口車縫
袖口穿過鬆緊帶

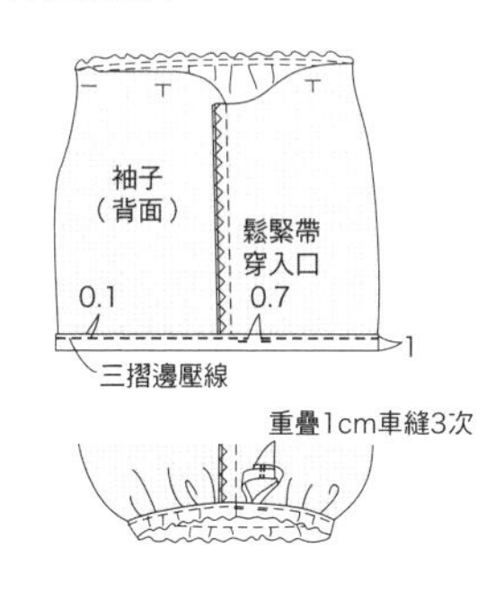

Sewing 縫紉家 31

舒適自然的手作
設計師愛穿的大人感手作服

作　　者／小林紫織
譯　　者／洪鈺惠
發 行 人／詹慶和
總 編 輯／蔡麗玲
執行編輯／劉蕙寧
編　　輯／蔡毓玲・黃璟安・陳姿伶・李宛真・陳昕儀
封面設計／周盈汝
美術編輯／陳麗娜・韓欣恬
內頁排版／造極
出 版 者／雅書堂文化事業有限公司
發 行 者／雅書堂文化事業有限公司
郵撥帳號／ 18225950 戶名：雅書堂文化事業有限公司
地　　址／新北市板橋區板新路 206 號 3 樓
電　　話／ (02)8952-4078
傳　　真／ (02)8952-4084
網　　址／ www.elegantbooks.com.tw
電子郵件／ elegant.books@msa.hinet.net

2018 年 7 月初版一刷　定價 420 元

經銷／易可數位行銷股份有限公司
地址／新北市新店區寶橋路 235 巷 6 弄 3 號 5 樓
電話／ (02)8911-0825
傳真／ (02)8911-0801

小林紫織

1986 年生，埼玉縣出身。2005 年進入文化服裝科，2007 年畢業，進入エスニックブランド社，再進入高級婦人服縫製會社，主要負責 Tae Ashida、Miss Ashida。2016 年 1 月離職，開始個人活動。

封面設計 林瑞穗
攝影 羽田誠
造型師 鍵山奈美
髮型＆化妝 飯鳩恵太（Mod's hair）
模特兒 アンヌ
放版 文化 fototype
校閱 向井雅子
製作解說 助川睦子
編輯協力 山﨑舞華
編輯 平山伸子（文化出版局）
發行人 大沼淳
攝影協力 AWABEES・TITLES

國家圖書館出版品預行編目 (CIP) 資料

舒適自然的手作・設計師愛穿的大人感手作服/小林紫織著; 洪鈺惠譯. -- 初版. – 新北市 : 雅書堂文化, 2018.7
面； 公分 . -- (Sewing 縫紉家 ; 31)
ISBN 978-986-302-441-5 (平裝)

1. 縫紉 2. 衣飾 3. 手工藝

426.3　　107010733

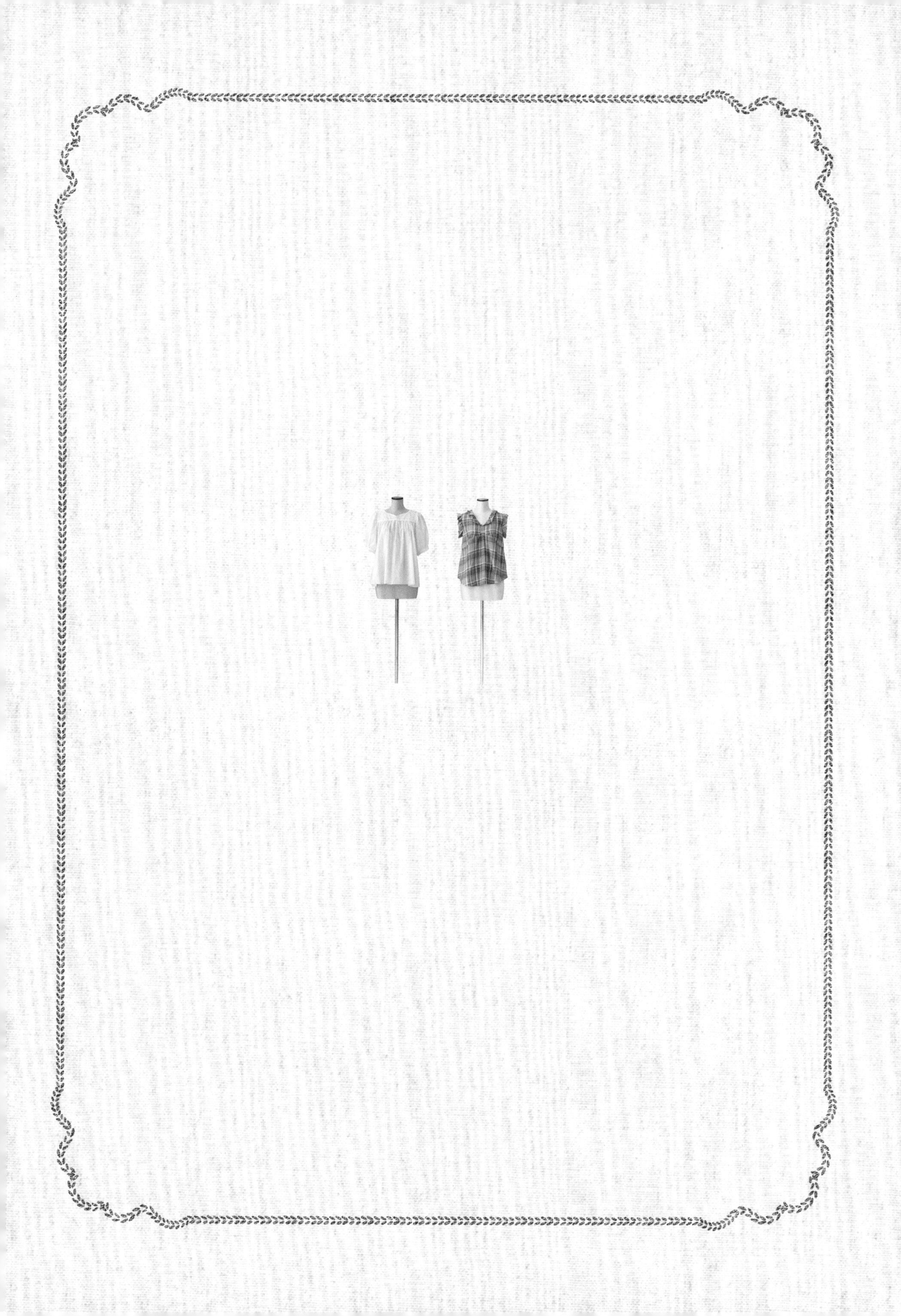

縫紉家 Sewing

Happy Sewing
快樂裁縫師

Sewing 縫紉家

SEWING縫紉家01
全圖解裁縫聖經
授權：BOUTIQUE-SHA
定價：1200元
21×26cm・626頁・雙色

SEWING縫紉家02
手作服基礎班：
畫紙型＆裁布技巧book
作者：水野佳子
定價：350元
19×26cm・96頁・彩色

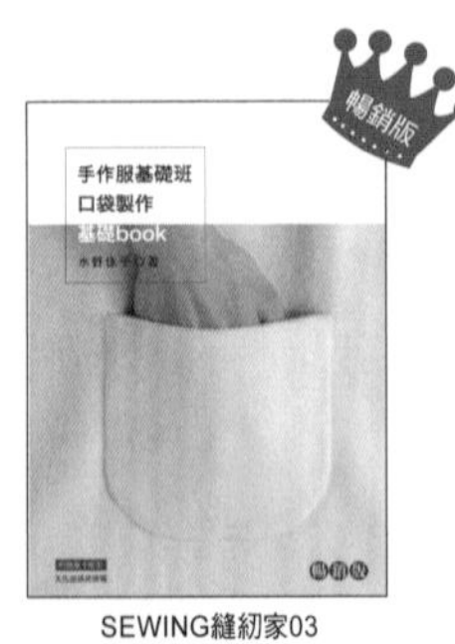

SEWING縫紉家03
手作服基礎班：
口袋製作基礎book
作者：水野佳子
定價：320元
19×26cm・72頁・彩色＋單色

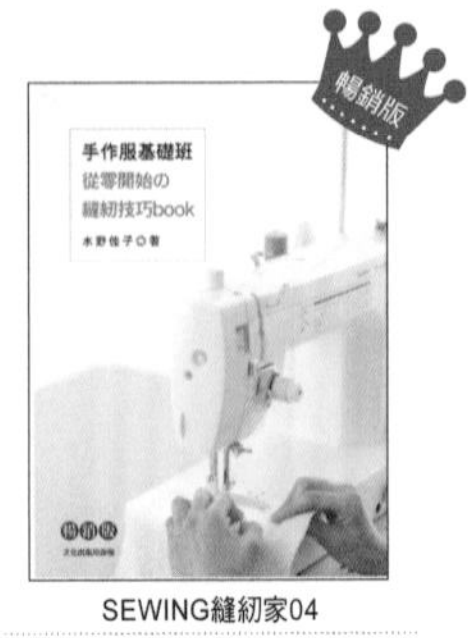

SEWING縫紉家04
手作服基礎班：
從零開始的縫紉技巧book
作者：水野佳子
定價：380元
19×26cm・132頁・彩色＋單色

SEWING縫紉家05
手作達人縫紉筆記：
手作服這樣作就對了
作者：月居良子
定價：380元
19×26cm・96頁・彩色＋單色

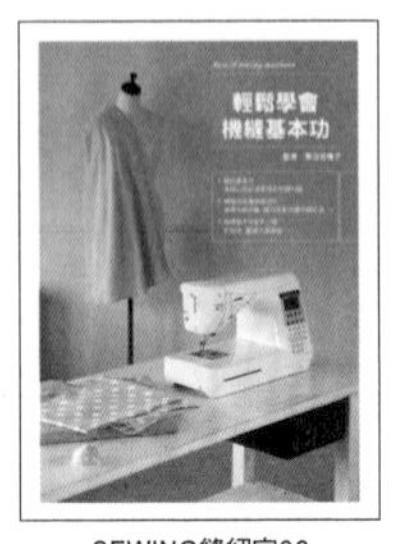

SEWING縫紉家06
輕鬆學會機縫基本功
作者：栗田佐穗子
定價：380元
21×26cm・128頁・彩色＋單色

SEWING縫紉家07
Coser必看の
CosPlay手作服×道具製作術
授權：日本ヴォーグ社
定價：480元
21×29.7cm・96頁・彩色＋單色

SEWING縫紉家08
實穿好搭の
自然風洋裝＆長版衫
作者：佐藤 ゆうこ
定價：320元
21×26cm・80頁・彩色＋單色

SEWING縫紉家09
365日都百搭！穿出線條の
may me 自然風手作服
作者：伊藤みちよ
定價：350元
21×26cm・80頁・彩色＋單色

SEWING縫紉家10
親手作の
簡單優雅款白紗＆晚禮服
授權：Boutique-sha
定價：580元
21×26cm・88頁・彩色＋單色

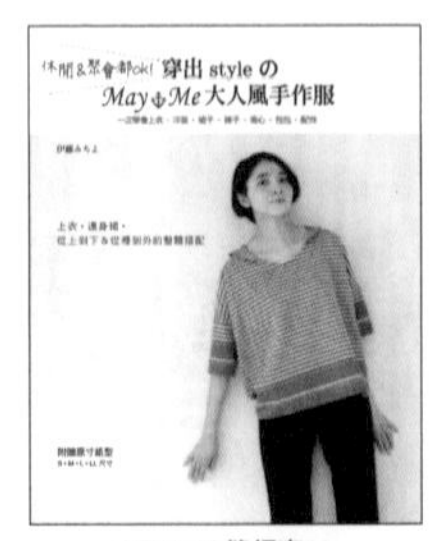

SEWING縫紉家11
休閒＆聚會都ok！穿出style
のMay Me大人風手作服
作者：伊藤みちよ
定價：350元
21×26cm・80頁・彩色＋單色

SEWING縫紉家12
Coser必看の
CosPlay手作服×道具製作術2：
華麗進階款
授權：日本ヴォーグ社
定價：550元
21×29.7cm・106頁・彩色＋單色

SEWING縫紉家13
外出＋居家都實穿の
洋裝＆長版上衣
授權：Boutique-sha
定價：350元
21×26cm・80頁・彩色＋單色

SEWING縫紉家14
I LOVE LIBERTY PRINT
英倫風の手作服＆布小物
授權：實業之日本社
定價：380元
22×28cm・104頁・彩色

SEWING縫紉家15
Cosplay超完美製衣術・
COS服的基礎手作
授權：日本ヴォーグ社
定價：480元
21×29.7cm・90頁・彩色＋單色

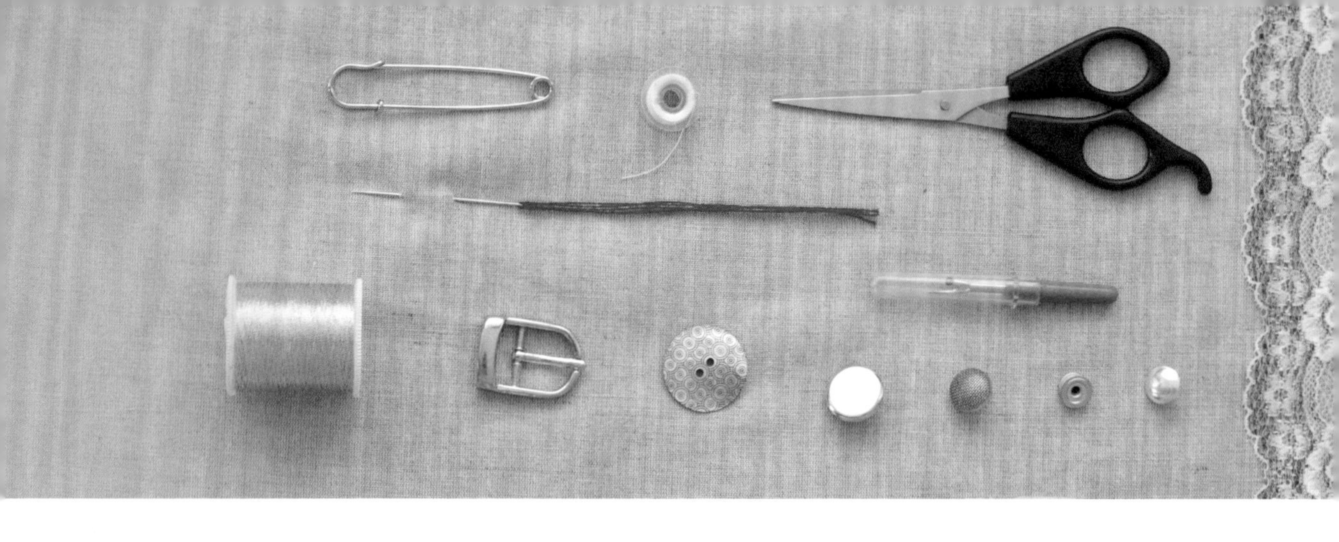

SEWING縫紉家16
自然風女子的日常手作衣著
作者：美濃羽まゆみ
定價：380元
21×26 cm · 80頁 · 彩色

SEWING縫紉家17
無拉鍊設計的一日縫紉：
簡單有型的鬆緊帶褲&裙
授權：BOUTIQUE-SHA
定價：350元
21×26 cm · 80頁 · 彩色

SEWING縫紉家18
Coser的手作服華麗挑戰：
自己作的COS服×道具
授權：日本Vogue社
定價：480元
21×29.7 cm · 104頁 · 彩色

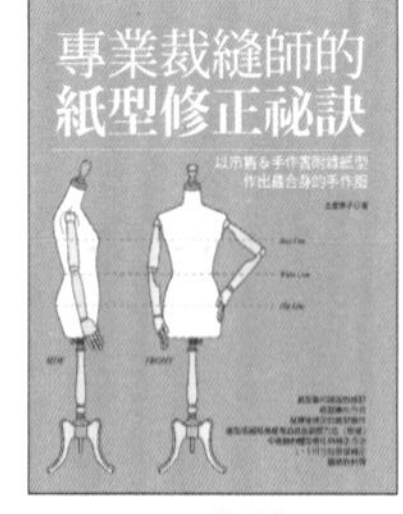

SEWING縫紉家19
專業裁縫師的紙型修正祕訣
作者：土屋郁子
定價：580元
21×26 cm · 152頁 · 雙色

SEWING縫紉家20
自然簡約派的
大人女子手作服
作者：伊藤みちよ
定價：380元
21×26 cm · 80頁 · 彩色+單色

SEWING縫紉家21
在家自學
縫紉の基礎教科書
作者：伊藤みちよ
定價：450元
19 × 26 cm · 112頁 · 彩色

SEWING縫紉家22
簡單穿就好看！
大人女子の生活感製衣書
作者：伊藤みちよ
定價：380元
21 × 26 cm · 80頁 · 彩色

SEWING縫紉家23
自己縫製的大人時尚·
29件簡約俐落手作服
作者：月居良子
定價：380元
21 × 26 cm · 80頁 · 彩色

SEWING縫紉家24
素材美&個性美·
穿上就有型的亞麻感手作服
作者：大橋利枝子
定價：420元
19 × 26cm · 96頁 · 彩色

SEWING縫紉家25
女子裁縫師的日常穿搭
授權：BOUTIQUE-SHA
定價：380元
19 × 26cm · 88頁 · 彩色

SEWING縫紉家26
Coser手作裁縫師
授權：日本Vogue社
定價：480元
21× 29.7 cm · 90頁 · 彩色+單色

SEWING縫紉家27
設計師的私房款手作服：
容易製作·嚴選經典
作者：海外竜也
定價：420元
21× 26 cm · 96頁 · 彩色+單色

SEWING縫紉家28
輕鬆學手作服設計課·
4款版型作出16種變化
作者：香田あおい
定價：420元
19× 26 cm · 112頁 · 彩色+單色

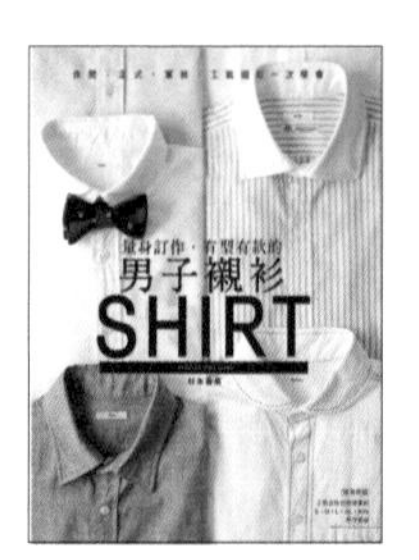

SEWING縫紉家29
量身訂作·
有型有款的男子襯衫
作者：杉本善英
定價：420元
19× 26 cm · 88頁 · 彩色+單色

SEWING縫紉家30
快樂裁縫我的百搭款手作
服：一款紙型100%活用&
365天穿不膩！
授權：Boutique-sha
定價：420元
21× 26 cm · 80頁 · 彩色+單色